全景百科 • 学生版

令孩子着迷的 100 个 自然奇观

畲田 编著

陕西新华出版传媒集团

陕西科学技术出版社

————— 西安 —————

比陆地宽阔的是大海；
比大海宽阔的是天空；
比天空更为浩瀚的是
无穷的知识；
来吧！让我们一起去
畅游知识的海洋。
　　　　——改自维克多·雨果

前 言 *Foreword*

悠悠岁月，沧海桑田。从地球诞生之日起，大自然就以它伟大的创造力，魔幻般地将亿万年前的汪洋大海变成峻峭挺拔的绝壁，将一望无际的平原雕刻为深不见底的峡谷。因此，亿万年后的我们，便有幸看到那匪夷所思的地质奇观，绝美幽深的奇境险域和那动人心魄的壮美山川。

从高耸云天的珠穆朗玛峰到深沟万壑的科罗拉多大峡谷；从终年积雪的冰川湾到流着滚滚岩浆的夏威夷冒纳罗亚火山；从美丽迷人的九寨沟到充满神秘色彩的死亡谷；从南太平洋熠熠生辉的大堡礁到原始神秘的亚马孙河；从"不毛之地"撒哈拉沙漠到壮美的尼亚加拉瀑布……大自然演绎了许多不老的传奇。

本书收集了亚洲、欧洲、美洲、非洲、大洋洲、南极洲的绮丽风景，采撷了世界上最令人叹为观止的一百余处自然精粹，这些自然奇观涵盖了最能体现大自然神奇造化和鬼斧神工的地质地貌奇观。快打开书吧，让我们一起去领略大自然那震撼人心的无穷魅力吧！

书虫俱乐部

目 录 *Contents*

亚　洲

　　亚洲位于东半球的东北部，东濒太平洋，南临印度洋，北界北冰洋，西达地中海和黑海，是世界上面积最大的大洲。亚洲的地形地表起伏很大，崇山峻岭会集中部，是世界上除南极洲外地势最高的大洲，气候类型也复杂多样。亚洲有世界陆地上最低的洼地和湖泊——死海，还有被称为"世界屋脊"的青藏高原。

地球之巅——珠穆朗玛峰

No.001

珠穆朗玛峰,简称珠峰,位于中国和尼泊尔边界的喜马拉雅山脉之上,是世界上最高的山峰,海拔 8 844.43 米。"珠穆朗玛"是藏语雪山女神的意思,她银装素裹,亭亭玉立于地球之巅,时而出现在湛蓝的天空中,时而隐藏在雪白的祥云里,更显出她那圣洁、端庄、美丽和神秘的形象。

珠穆朗玛峰的形成 >>>

当劳亚古陆分裂后,印度板块向北移向亚欧板块,然后与它碰撞、挤压,在印度的北边隆起形成喜马拉雅山脉。全今地壳的这两大板块仍在移动,因此喜马拉雅山仍然在"长高"。

▲ 珠穆朗玛峰——圣洁的"雪山女神"

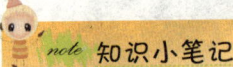

note 知识小笔记

珠峰地区雪山、冰峰、冰川、峡谷、湖泊、溪流……绮丽、雄浑的自然风光是无数人梦寐以求的神秘圣地。

🔺气候环境 ⟫⟫⟫

珠穆朗玛峰，山势雄伟，地理环境独特，峰顶的最低气温常年在零下三四十摄氏度。峰顶空气稀薄，空气的含氧量只有东部平原地区的 1/4，经常刮七八级大风，十二级大风也不少见。风吹积雪，四溅飞舞，弥漫天际。

● 雪莲

● 红胸角雉

🔺多样的生物 ⟫⟫⟫

珠峰沿山坡向上，随着自然条件的不同，依次形成阔叶林、针叶阔叶混交林、针叶林、灌丛、草甸、荒漠和永久积雪带。栖息着雪豹、长尾叶猴、岩羊、红胸角雉、雪鸡等野生动物。雪线以上生长着不畏严寒的雪莲和龙胆花。

● 雪豹

Mount Qomolangma

Asia

举世无双的大峡谷——长江三峡

No.002

长 江三峡位于重庆、湖北的交界处,这里有重岩叠嶂的群峰、汹涌奔腾的江水、千姿百态的奇石、神秘莫测的溶洞……三峡的一山一水、一景一物都如诗如画,并伴随着许多美丽的神话和动人的传说,令人心驰神往。

▲ 长江三峡的形成 >>>

长江三峡是在数亿年的岁月中,经过多次强烈的造山运动而形成的。长江三峡由瞿塘峡、巫峡、西陵峡三大峡谷和大宁河宽谷、香溪宽谷两大宽谷组成。

note 知识小笔记

三峡西起奉节白帝城,东至宜昌南津关,全长193千米。三大峡谷,各具特色:瞿塘峡雄,巫峡秀,西陵峡险,共同构成了一幅壮观瑰丽的画卷。

▲ 从卫星上拍摄的长江三峡

↑ 山势雄奇的瞿塘峡

🔺 瞿塘峡 ⟩⟩⟩

瞿塘峡自白帝城夔门至巫山县城，全长 33 千米，这里有赤甲、白盐两道绝壁高耸，就像两扇半开的巨门，宽不到 100 米。江流咆哮汹涌，吼声如雷，一泻千里，气势磅礴。

↑ 长江三峡不仅是中国的旅游胜地，更是世界著名的自然奇观。

🔺 巫峡 ⟩⟩⟩

自大宁河口至巴东官渡口为巫峡，长 40 千米，巫峡幽深奇秀，两岸峰峦挺秀，山色如黛，江水峰回路转，宛如迂回曲折的山水画廊。巫峡中最负盛名的是巫山 12 峰，登龙峰如神龙飞腾，翠屏峰如天然屏风，飞凤峰如凤凰展翅……神女峰最为著名。

🔺 西陵峡 ⟩⟩⟩

西陵峡西段为绵延 45 千米的香溪宽谷，东段长 75 千米，以滩多流急著称，青滩、泄滩、崆岭滩为三峡著名的三大险滩。这里礁石林立，犬牙交错，旋涡急流，出没无常。如今为了便于航行，所有的明礁暗滩已经全部被炸除了。

● 巫峡的神女峰

The Three Gorges

Asia

山水画廊——桂林山水

亚洲

山水画廊——桂林山水

桂林市地处广西壮族自治区东北部，有着举世无双的喀斯特地貌。这里的山，平地拔起，千姿百态；漓江的水，蜿蜒曲折，明洁如镜；山多有洞，洞幽景奇，洞中怪石，鬼斧神工，琳琅满目，自古就有"桂林山水甲天下"的赞誉。

🔺桂林山水的形成 >>>

桂林山水的秀美是因为这里有很多的石灰岩。石灰岩特别容易被含有二氧化碳的雨水和河水溶解。经过千百年雨水、河水的侵蚀，桂林就形成了现在这样山清水秀、洞奇石美的风景奇观。

🔺 漓江水在群山的怀抱中，水清至纯，景色美不胜收。

note 知识小笔记

桂林平均海拔 150 米，年平均气温 19.3℃，这里山奇、水秀、洞幽、石美，风光迷人，缥缈变幻如万卷长诗，五光十色似百里画廊。

● 桂林奇特的山

奇特的山 >>>

桂林的山非常奇特，一座座拔地而起，各不相连，像老人，像巨象，像骆驼，奇峰罗列，形态万千，虽不高大，却陡峻秀丽。有的危峰兀立，怪石嶙峋，有的像翠绿的屏障、新生的竹笋，色彩明丽，倒映水中。仅桂林市区就有山峰 150 多座，著名的有独秀峰、骆驼山、叠彩山、伏波山、象鼻山等。

漓江 >>>

漓江发源于兴安县猫儿山，穿城过镇，蜿蜒于群山之间，特别是从桂林到阳朔 83 千米水程，水流清澈，就像玉带缠绕在苍翠的奇峰中。

↟ 玄妙无穷的七星岩

天下奇洞 >>>

逢山必洞、无洞不奇，这是桂林山水一大特色，洞中怪石，鬼斧神工，琳琅满目。洞离不开水，水这位伟大的"工程师"孜孜不倦地雕凿出七星岩、芦笛岩等天下奇洞。

◂ 碧绿的漓江水

Guilin Scenery

Asia

日本的象征——富士山

富士山是日本第一圣山，也是世界最美丽的高峰之一，白雪皑皑的山顶，是日本人津津乐道的话题。富士五湖，湖光山色，还有原始森林、瀑布和山地植物，一年四季景色迷人。

🔺 地理位置 >>>

富士山位于日本东京西南方约 80 千米的位置，跨越静冈、山梨两县，整个山体呈圆锥状，一眼望去，就像一把悬空倒挂的扇子，日本诗人曾用"玉扇倒悬东海天""富士白雪映朝阳"等诗句来赞美它。

🔺 富士山的形成 >>>

距今 20 万～ 70 万年前，在现今富士山附近，火山活动相当频繁，几个火山口持续喷发。直到距今约 1.1 万年前，大量熔融的岩浆奔流、堆积，形成了现代富士山的骨架。在历史记载中，富士山共喷发过 18 次，最后一次喷发发生在 1707 年，当时的火山灰散落到了 80 千米之外的东京。

日本富士山

🔺 富士五湖 ▷▷▷

富士山的北麓有富士五湖。从东向西分别为山中湖、河口湖、西湖、精进湖和本栖湖。河口湖中的鹈岛是五湖中唯一的岛屿，湖中所映的富士山倒影，被称作富士山奇景之一。

🔺 开发最早的河口湖　　🔺 五湖中最大的山中湖

🔺 美丽的山洞 ▷▷▷

富士山是一座休眠火山，火山喷发留下了无数山洞，有的山洞至今仍有喷气现象。最美的富岳风穴内的洞壁上结满钟乳石似的冰柱，终年不化，被视为罕见的奇观。山顶上有大小两个火山口。天气晴朗时，在山顶看日出、观云海是世界各国游客来日本必不可少的游览项目。

note 知识小笔记

富士山主峰海拔 3 776 米，是日本国内的最高峰，许多日本人说，一生中不登一次富士山，或者只登一次富士山都是愚蠢的。

Mount Fuji

Asia

亚洲

神秘的咸水湖——死海

神秘的咸水湖——死海

No.005

死海实际上只是一个内陆咸水湖，湖中及岸边都富含盐分，在这样的水中，鱼儿和其他水生物都难以生存，水中只有细菌，没有生物；岸边及周围地区也没有花草生长，所以人们称其为"死海"。

● 死海

🔺 地理位置 >>>

死海位于以色列和约旦之间的约旦谷地，是东非大裂谷的北部延续部分，西岸为犹太山地，东岸为外约旦高原。约旦河从北注入，另外还有 4 条较小的河流从东面注入。

note 知识小笔记

死海长 80 千米，宽 18 千米，表面积约 1 020 平方千米，平均深 300 米，最深处 415 米，表面低于海平面 413 米，是地球表面的最低点。

▲ 死海的成因 >>>

　　死海形成的原因主要有两条：其一，死海一带气温很高，蒸发量很大。其二，这里干燥少雨，补充的水量微乎其微，死海变得越来越"稠"——入不敷出，沉淀在湖底的矿物质越来越多，咸度越来越大。于是，常年累月，便形成了世界上最咸的咸水湖——死海。

↑ 漂浮在死海上看报纸的感觉一定很惬意

↑ 在死海沿岸，海水析出的白色盐分随处可见。

▲ 大盐库 >>>

　　一般海水含盐量为 35‰，死海的含盐量达 230‰ ~ 250‰，所以说，死海是一个大盐库。据估计，死海的总含盐量约有 130 亿吨。由于湖水含盐量极高，游泳者很容易浮起来。

● 天然的护肤品——死海矿泥

▲ 神奇的死海 >>>

　　死海的海水富含矿物质，常在海水中浸泡，可以治疗关节炎等慢性疾病。因此，每年都吸引了数十万游客来此休假疗养。死海海底的黑泥含有丰富的矿物质，成为市场上抢手的护肤美容品。

Dead Sea

Asia

世界最大的内陆湖——里海

No.006

里海水域辽阔，烟波浩淼，一望无垠，经常出现狂风恶浪，犹如大海翻滚的波涛。咸的湖水里生长的许多动植物和海洋生物差不多，所以人们称它为"里海"，其实，它并不是真正的海。

🔺地理位置 >>>

里海位于亚欧大陆腹部，亚洲与欧洲之间，东、北、西三面湖岸分属土库曼斯坦、哈萨克斯坦、俄罗斯和阿塞拜疆，南岸在伊朗境内，是世界上最大的湖泊，也是世界上最大的咸水湖。

▲注入河流 >>>

有 130 多条河流注入里海，其中伏尔加河、乌拉尔河和捷列克河从北面注入，这 3 条河的水量占全部注入水量的 88%。里海为沿岸各国提供了优越的水运条件，沿岸有些港口与铁路相连，火车可以直接开到船上轮渡到对岸。

↑鲱鱼

▲生物资源 >>>

里海生物资源丰富，动植物种类繁多。植物 500 多种，动物 850 种，其中 15 种是典型的北冰洋型和地中海型动物，也有海豹等海兽栖息。常见的鱼类有鲟鱼、鲱鱼、河鲈等。

↑河鲈

note 知识小笔记

里海南北长约 1200 千米，东西平均宽度 320 千米，平均水深 184 米，湖水蓄积量达 7.6 万立方千米，面积约 38 万平方千米，比北美五大淡水湖加在一起还要多出一倍多。

▲石油资源 >>>

里海地区石油资源丰富，两岸的巴库和东岸的曼格什拉克半岛地区以及里海的湖底是重要的石油产区。里海湖底的石油生产已扩展到离岸数十千米的水域。

Caspian Sea

Asia

亚洲

世界最深的湖泊——贝加尔湖

世界最深的湖泊——贝加尔湖

No. 007

贝加尔湖是世界最深的湖泊，湖形狭长弯曲，宛如一轮明月镶嵌在西伯利亚南缘。湖上风景秀美、景观奇特，湖水清澈透明，透过水面像透过空气一样，一切都历历在目。岸上群山连绵，森林覆盖。湖内物种丰富，是一座集丰富自然资源于一身的宝库。

▲地理概况 >>>

贝加尔湖地区阳光充沛，雨量稀少，冬暖夏凉，湖水清澈，水深 40米处清晰可见。冬季，湖水结冰期历时 4~5 个月。但是，湖内深处的温度一直保持不变，约 3.5℃。

▶伟大的文学家契诃夫的笔下，贝加尔湖被誉为"瑞士、顿河和芬兰的神妙结合"。

🔺 巨大的蓄水量 ▸▸▸

贝加尔湖是全世界最深也是蓄水量最大的淡水湖，其总蓄水量 23 600 立方千米，相当于北美洲五大湖蓄水量的总和，约占地表不冻淡水资源总量的 1/5。假设贝加尔湖是世界上唯一的水源，其水量也够 50 亿人用半个世纪。

知识小笔记

贝加尔湖是世界最深的湖泊，如果我们把高大的泰山放入湖中的最深处，山顶距水面还有 100 米的距离。

↑ 环斑海豹适应了贝加尔湖的淡水环境并在这里重建家园

🔺 唯一的淡水海豹 ▸▸▸

环斑海豹是贝加尔湖的标志性动物，它体形圆且肥胖，在水中颇为灵巧。冬季时，海豹在冰中咬开洞口来呼吸。科学家认为，环斑海豹是来自北冰洋的"远方客人"，它们是经叶尼塞河来到这里的，并在此逐渐演变成世界上独一无二的淡水海豹。

🔺 丰富的生物资源 ▸▸▸

湖中有植物 600 种，水生动物 1 200 种，其中 3/4 为贝加尔湖所特有，从而形成了其独一无二的生物种群，如各种软体动物、海绵生物等珍稀动物。

◂ 贝加尔湖的美丽毋庸置疑，湖岸群山环抱，溪洞错落，原始森林带苍翠茂密，湖山相映，水树相亲，风景格外绮丽。

Lake Baikal

Asia

白色城堡——土耳其棉花城堡

棉花城堡是大自然雕凿的一座巨大的白色城堡。白莲花般的玉阶像层层梯田铺满山坡，涓涓细流顺山势在丘岩间潺潺而下。平台处蓄水成塘，一汪汪淡蓝的泉水像翡翠嵌在座座白玉台上，一个个洁白棉朵般的石阶披着清凌凌的水纱在阳光下熠熠生辉。

🔺 地理位置 >>>

棉花城堡位于土耳其西南部代尼兹利省，距离伊兹密尔约 200 千米。因为它由整个山坡构成，一层又一层，形状像城堡，颜色又白如棉花，远看就像棉花团一样，所以得名棉花城堡。

　　白色的"台阶"，像玉，像雪，更像是恣意横流的羊奶从山顶流下，覆盖而成。

▲ 美丽的日落

🏔 形成原因 >>>

棉花城堡的形成，是由于地下温泉水不断从地底涌出，泉水中含有丰富的石灰质和其他矿物质。当温泉顺山坡流淌时，石灰质沿途沉积，久而久之便形成一片片阶梯状的以碳酸钙为主要成分的钙化堤。

🏔 日落 >>>

最不能错过的是棉花城堡的日落，当太阳的光芒一点点由金色变成绯红殷红桃红玫瑰灰，棉花城堡会像一朵最绮丽的莲花，不断变幻出奇异的色彩。

note 知识小笔记

这块奇异的坡地长 2 700 米，高 160 米，以其神奇独特的自然景观创造出一个亦幻亦真的银色城堡世界。

🏔 温泉 >>>

这里温泉很多，泉水自洞顶流下，将山坡冲刷成阶梯状，平台处泉水蓄成塘，人们可坐在里面泡温泉，既解乏，又健康。从上往下看，一个个温泉平台就像一面面镜子，映照着蓝天白云；从下往上看，就像刚爆发完的火山，白色的岩浆覆盖了整个山坡，颇为壮观。

▲ 梯形岩石上，层层白垩台阶上的凹陷，由纯净如碧玉的温泉充满，形成大大小小碧水如镜的温泉池。

Pamukkale

Asia

亚
洲

泰
国
的
「
小
桂
林
」
——
攀
牙
湾

泰国的"小桂林"——攀牙湾

泰国南部的攀牙湾是一处风景优美的地方，湾内散布着许多大小岛屿，怪石嶙峋，景色万千，被称为泰国的"小桂林"。其中，占士邦岛、铁钉岛、钟乳岛石洞更以其天然奇景而闻名于世。

🏔 地理概况 >>>

攀牙湾位于泰国普吉岛东北角 75 千米处，属于紧靠普吉岛的泰南大陆的攀牙府。数千年前，这里整片石灰岩地形由于地壳运动，承受侵蚀才转变为现在宛若千岛的模样。

note 知识小笔记

攀牙湾里岛屿星罗棋布，青峰倒影，山奇水秀，其水、洞、山、石组成的美丽风景被称为"世界奇观"。

攀牙湾是 1974 年詹姆斯·邦德的电影《带金枪的人》所使用过的场景之一。

▲自然景观 >>>

　　攀牙湾山峰耸立，海景如画，淡绿色的海面上，石灰岩怪石星罗棋布，有的从水中耸起数百米，有的看上去像驼峰，景色变幻万千，风光雄浑壮丽。

● 占士邦岛的"大白菜石"

↑ 从空中俯视下的攀牙湾奇岩兀立，绿洲纵横。

▲占士邦岛 >>>

　　占士邦岛，因为007系列电影曾在此取景，因此大家都称之为007岛，或者占士邦岛，而将它的本名遗忘了。在这里，大家都会特别关注"大白菜石"，据说，不久以后它就会消失了。

▲屏干岛和塔布山 >>>

　　屏干岛是由两面山峰倾斜地相叠一起，呈倒V字形，山壁如削，平滑如镜，人在石壁下仰首翘望，俨然一线天。塔布山，形状像铁钉一样插在海底，高约30多米，由于受海水的侵蚀而上阔下窄，狼牙棒似的山峰傲然兀立于壮阔的海上，直指云天，气势昂扬。

● 塔布山

Pang Nga Bay

Asia

27

海上桂林——下龙湾

No.010

下龙湾以景色瑰丽、秀美而著称。1 600 多个大大小小的岛屿错落有致地分布在 1 553 平方千米的海湾内，有的一山独立，一柱擎天；有的两山相靠，一水中分；有的峰重叠，峥嵘奇特，景色酷似广西的桂林山水，因此人们又称它为"海上桂林"。

▲地理概况 >>>

下龙湾位于越南北方广宁省下龙市，这里原是欧亚大陆的一部分，后沉入海中，如今这片海域中有数不清的小岛冒出碧蓝的海面，这些典型的喀斯特地貌的小岛千姿百态，把下龙湾点缀得美轮美奂。

风光秀丽的下龙湾

🔺形状各异的小岛 ▶▶▶

大自然的鬼斧神工将山石、小岛雕凿的形状各异，有的如直插水中的筷子，有的如奔驰的骏马，还有的如争斗的雄鸡，最有名的是蛤蟆岛，其形状犹如一只蛤蟆，端坐在海面上，嘴里还衔着青草，栩栩如生。

◀ 小岛密布的下龙湾

🔺顽皮的猴子 ▶▶▶

在下龙湾的岩岛上，有一个非常讨人喜欢的红鼻猴王国。这里养的猴子都是红鼻子、红屁股。岛上的猴子极为顽皮和大胆，见到陌生人，就成群地跑到海滩上跳跃、欢呼。

🔺 红鼻猴

note **知识小笔记**

下龙湾的气候和地形适宜各种热带鱼的生活，鱼类有上千种。此外，龙虾、珍珠、海参、鲍鱼都是下龙湾的名产。

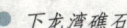
● 下龙湾礁石

🔺岩洞奇观 ▶▶▶

岩岛上有许多岩洞，其中木头洞最具特色，有"岩洞奇观"之称，位于万景岛的半腰上，洞口不大，洞内广阔，洞壁上的钟乳石形成各种动物形象，活灵活现，令人称奇。

🔺 岩洞中的钟乳石错落有致，构成了奇特的雕像造型。

Halong bay

Asia

天下第一奇观——石林

石林是大自然鬼斧神工的杰作,这里遍布着上百个黑色大森林一般的巨石群,有的独立成景,有的纵横交错,连成一片。以"雄、奇、险、秀、幽、奥、旷"著称,是世界上最奇特的喀斯特地貌景观,被人们誉为"天下第一奇观"。

▲地理位置 >>>

石林位于云南省石林彝族自治县境内,距省会昆明市70多千米,这里冬无严寒,夏无酷暑,四季如春。景区由李子箐石林、乃古石林、大叠水、长湖、月湖、芝云洞、奇风洞等几个风景片区组成。

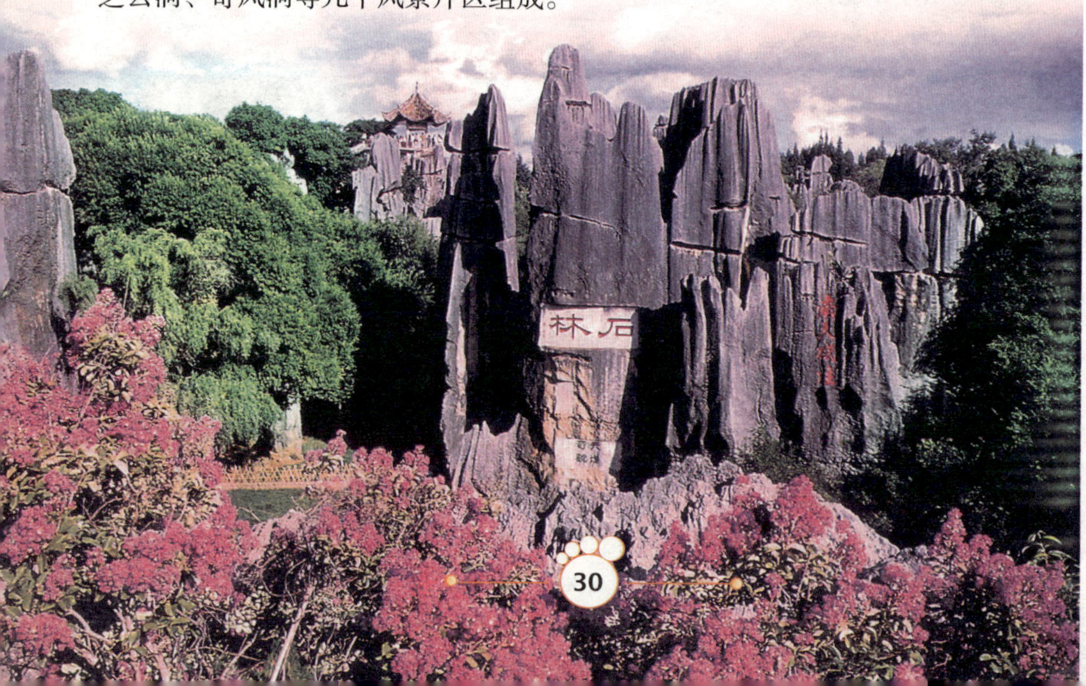

↑ 无数的石峰、石柱、石笋、石芽组成的"森林"。

形成原因 >>>

大约在两亿多年以前，这里是一片汪洋大海，沉积了许多厚重的石灰岩。经过各个时期的造山运动和地壳变化，岩石露出了地面。直到距今 200 万年前，由于石灰岩的溶解作用，石柱彼此分离，又经过常年的风雨侵蚀，就形成了今天这童话世界般的壮丽奇景。

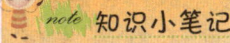

note 知识小笔记

石林是一座名副其实的由岩石组成的"森林"，总面积 1 777 平方千米，穿行期间，但见怪石林立，突兀峥嵘，姿态各异。

奇风洞 >>>

每年 8 ~ 11 月，奇风洞内会吹出冷风，安静的大地顿时呼呼风响，尘土飞扬，并伴有隆隆的流水声。两三分钟后，一切复原，数分钟后又开始吸风，一呼一吸，周而复始，形成会呼吸的地质奇观。

→ "会呼吸"的奇风洞

↑ 李子菁石林是石林的主要游览区，面积约 12 平方千米。

李子菁石林 >>>

李子菁石林是最集中、最美的一处。这里的石柱、石壁、石峰千姿百态，有孔雀梳翅、犀牛望月；有唐僧石、悟空石、观音石、将军石、阿诗玛石等无数象生石，有的还酷似植物，惟妙惟肖，令人叹为观止。还有一处"钟石"，能敲出许多种不同的音调。

Stone Forest

Asia

No.012

大熊猫的故乡——卧龙自然保护区

卧龙自然保护区地理条件独特、地貌类型复杂，风景秀丽、气候宜人，集山、水、林、洞、险、峻、奇、秀于一体。这里还有着丰富的动植物资源，素以"大熊猫的故乡""宝贵的生物基因库""天然动植园"而饮誉海内外。

🔺地理位置 ▸▸▸

卧龙自然保护区位于中国四川省汶川县西南部，邛崃山脉东南坡，距四川省会成都 130 千米，这里峰峦重叠、云雾缭绕、原始森林、次生灌木林、箭竹林郁郁葱葱。

🔺气候特点 ▸▸▸

保护区由于本身的地理位置和地形的影响，形成了典型的亚热带内陆山地气候。夏季东南季风带来的暖湿空气，在这里凝集，形成降雨，年降雨量在 1 100 毫米以上，年平均气温 4 ~ 5℃。温暖湿润的气候环境，十分适宜大熊猫的主要食物——箭竹和桦橘竹的生长。

珍稀动物 >>>

地球上 1/10 的大熊猫生活栖息在卧龙，这里还有金丝猴、扭角羚、白唇鹿、小熊猫、雪豹、水鹿、猕猴、短尾猴、猞猁、大灵猫、毛冠鹿、金雕、藏雪鸡、血雉等几十种珍稀兽类和 300 多种鸟类，此外，大量的爬行动物，两栖动物和昆虫也生活在这里。

刚出生的大熊猫幼仔像老鼠般大小

珍贵植物 >>>

保护区内的植物种类在 3 000 种以上，其中高等植物将近 2 000 种，连香树、柏乐树、水青树、四川红杉、大叶柳、珙桐等都是珍贵树种，卧龙斑叶兰、卧龙玉凤花、巴朗杜鹃都是卧龙地区特有的，而大片的珙桐纯林更是国内罕见。

竹子是大熊猫最喜爱的食物

古老的大熊猫 >>>

作为物种，大熊猫的历史比人类还要古老。300 万年前，它们曾经广泛分布在我国南方各省区。后来地球上的气候发生了剧烈变化，最后在四川、陕西、甘肃交界的山区，大熊猫才找到了自己的避难所，少数幸存者才得以生存和繁衍。

note 知识小笔记

大熊猫胖乎乎的体态，黑白相间的毛色非常惹人喜爱，1961 年，"世界野生生物基金会"成立时，就以大熊猫的形象为会徽。

Wolong National Nature Reserve

Asia

人类最后的密境——雅鲁藏布大峡谷

No.013

世界第一大峡谷雅鲁藏布大峡谷位于"世界屋脊"青藏高原之上，平均海拔 3 000 米以上，是世界上海拔最高、最深和最长的河流峡谷，堪称世界之最，被誉为"人类最后的密境"。

▲ 地理概况 >>>

雅鲁藏布江像一把利剑，将巍峨的喜马拉雅山拦腰切开，在下游大拐弯处的南迦巴瓦峰附近形成雅鲁藏布大峡谷，造成独特的"水气通道"，向高原内部源源不断输送水汽，使青藏高原东南部由此成为一片绿色世界。

形成原因 >>>

　　雅鲁藏布大峡谷地区曾经有过多次冰川作用,遗留下了完整的古冰川U形谷,该地区地壳300万年来的快速抬升及深部的地质作用共同形成了现在壮观的地质形态。

奇特的大拐弯 >>>

　　雅鲁藏布大峡谷最为奇特的是它在东喜马拉雅山脉尾闾,由东西走向突然南折,沿东喜马拉雅山脉南斜面夺路而下,形成世界上最为奇特的马蹄形的大拐弯。

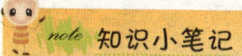

知识小笔记

　　雅鲁藏布大峡谷长约500千米,最深处达6 009米,是世界第一大峡谷。

➡1994年,中国科学家确认雅鲁藏布江干流上的这个大峡谷为世界第一大峡谷。新华通讯社向全世界及时报道了这一消息,全球为之轰动。

Yarlung Zangbo Grand Canyon

Asia

● 杜鹃花

● 树蛙

丰富的生物资源 >>>

　　大峡谷区自然资源极其丰富,初步查明有1 000多种野生动物和3 700多种野生植物,而且至今保持原始状态。这里栖息着云豹、小熊猫、羚羊、树蛙等珍奇动物。生长着野生杜鹃、瑞香、龙胆花、报春花、红豆杉、桫椤、冷杉、铁杉等珍稀植物以及许多人类未知的新物种。

人间仙境——九寨沟

No.014

九寨沟的山青葱妩媚,水澄清晶莹;山偎水,水绕山,树在水边长,水在林中流,山水相映,林水相亲,景色秀美,环境清幽。它以神妙奇幻的翠海、飞瀑、彩林、雪峰等无法尽览的原始景观和丰富的动植物资源而被誉为"人间仙境"。

🏔 地理位置 ▶▶▶

九寨沟位于四川省阿坝藏族羌族自治州九寨沟县境内,是白水沟上游白河的支沟,以有9个藏族村寨而得名。

▶ 自然纯净的"童话世界"

▽ 九寨沟,一个五彩斑斓、绚丽奇绝的瑶池玉盆。

🏔 形成原因 ▶▶▶

九寨沟的碳酸盐分布广泛,新构造运动强烈,地壳抬升幅度大,多种力量交错作用,造就了多种多样的地貌,还有大规模喀斯特作用的钙华沉积,共同形成九寨沟独具特色的自然景观。

△ 九寨人说：五花海是神池，它的水洒向哪儿，哪儿就花繁林茂，美丽富饶。

▲ 五花海 ⟫⟫

　　五花海底部的景观妙不可言，湖水一边是翠绿色的，一边是深绿色的，湖底的枯树，由于钙化，变成一丛丛灿烂的珊瑚，在阳光的照射下，五光十色，非常迷人。五花海有着"九寨精华"及"九寨一绝"的美名。

▲ 缤纷的色彩 ⟫⟫

　　九寨沟的色彩，变幻无穷。这里的湖泊紧傍森林，水质清丽晶莹，天空、白云、雪峰、树林倒映湖中，倒影和湖水融合，随着早晚、春夏秋冬、阴晴雨雪的变化，湖水也随之变成黛绿、深蓝、翠蓝等多种颜色。

> **note** 知识小笔记
>
> 　　九寨沟的三条主沟形成 Y 形分布，总面积600 多平方千米，沟口海拔 2 000 米，至主沟顶部长湖和草湖海拔逐渐升高到 3 000 米左右。

Asia

天下第一奇山——黄山

黄 山如一幅天然画卷，集泰山之雄伟，华山之险峻，衡山之烟云，庐山之瀑布，雁荡山之巧石，峨眉山之秀丽于一身，并以奇松、怪石、云海、温泉四绝著称于世，素有"天下第一奇山"之美称。

🔺地理概况 >>>

黄山位于安徽省南部，属亚热带季风气候，阴雨天、云雾天多，夏无酷暑，冬少严寒。明代大旅行家徐霞客用"五岳归来不看山，黄山归来不看岳"来赞美黄山之美。

🔺黄山植被垂直分布带明显，动植物资源丰富，多达1900多种，有珍稀的玉灵芝、黄山毛峰茶、矮尾猴等。

● 矮尾猴

● 迎客松

🔺奇松 >>>

因为地势崎岖不平，悬崖峭壁纵横堆叠，黄山松无法垂直生长，只能弯弯曲曲地，甚至朝下生长，所以黄山松千姿百态。最著名的黄山松有：迎客松、凤凰松、棋盘松、黑虎松等。

黄山主峰莲花峰，海拔约 1 864.8 米。南北长约 40 千米，东西宽约 30 千米，面积约 1 200 平方千米，景区面积 154 平方千米。

黄山群峰林立，素有"三十六大峰，三十六小峰"之称。

怪石

黄山的怪石，以奇取胜，以多著称，已被命名的怪石有 120 多处。其形态可谓千奇百怪，令人叫绝。似人似物，似鸟似兽，情态各异，形象逼真。黄山怪石从不同的位置，在不同的天气观看情趣迥异。

Mount Huang

Asia

三千峰林八百水——武陵源

No.016

这 里的风景没有经过任何的人工雕凿，到处是石柱石峰、断崖绝壁、古树名木、流泉飞瀑、珍禽异兽。这些峭立的岩峰、苍茫的林海、秀丽的山溪、幽深的洞壑……会聚成一个神奇美妙的世界——武陵源。

🏔 地理位置 >>>

武陵源位于湖南省西北部武陵源山脉中段桑植县、慈利县交界处，隶属张家界市。武陵源风景名胜区由张家界、索溪峪、天子山、杨家界四部分组成，总面积369平方千米。

note 知识小笔记

武陵源集"山峻、峰奇、水秀、峡幽、洞美"于一体，总面积369平方千米。

↓ 武陵源属世界上罕见的砂岩风林地貌，整个景区，沟壑纵横，岩峰高耸，绿树翠蔓，兽鸟成群，有"大自然迷宫"之美誉。

🔺地质形成 >>>

亿万年前，这里曾是一片波涛翻滚的海洋，石英砂岩沉积于海岸地带，经过流水的长期侵蚀和复杂的地壳运动，形成了最奇特的砂岩峰林地貌景观。

➡张家界地貌奇特，有石峰2 000多座，形态各异，树木茂盛，森林覆盖率达88％。

🔺九天洞 >>>

九天洞因天生有九个天窗与外界相通而得名。洞中的石笋、石柱、石幔、石花、石人、石兽等千姿百态，红、黄、绿、白、黑、灰诸色，可谓五彩缤纷，琳琅满目，九天洞享有"世界奇穴之冠""亚洲第一大洞"诸桂冠。

◀九天洞总面积达250多万平方米，分上、中、下三层，最底层于地表下420米。洞内有40个大厅、3条阴河、12条瀑布、5座自生桥、6处千丘田、3个自然湖。

🔺生物资源 >>>

张家界是生物资源的宝库，区内有木本植物850种，脊椎动物146种。珍奇树种有银杏、珙桐、红豆杉、樱花等；名贵药材有灵芝、天麻、何首乌、杜仲等；珍稀动物有娃娃鱼、苏门羚、华南虎、云豹、猕猴、灵猫等。

● 华南虎

● 灵芝

Wulingyuan

Asia

41

亚洲

碧水丹山——武夷山

碧水丹山——武夷山

No.017

武夷山位于福建省武夷山市西南 15 千米处，是福建第一名山，素有"碧水丹山""奇秀甲东南"之美誉。武夷山具有独特、稀有、绝妙的自然景观，它也是尚存的珍稀、濒危物种的栖息地。

🔺地理概况 >>>

武夷山峰峦叠嶂，高差悬殊，绝对高差达 1 700 米，良好的生态环境和特殊的地理位置，使其成为地理演变过程中许多动植物的"天然避难所"，物种资源极其丰富。

🔺丰富的植物资源 >>>

武夷山已知植物有 3 728 种。古树名木具有古、大、珍、多的特点，如武夷宫 880 年树龄的古桂、坑上 980 年树龄的南方红豆杉等，都具有极高的科研和保存价值。

◢ 武夷的美感在于山，这里的奇峰怪石千姿百态，耐人寻味；武夷的灵性在于水，山麓中清泉、飞瀑、山涧溪流，流水潺潺，如诉如歌。

▲野生动物的基因库 ▷▷▷

武夷山已知的动物种类有 5 110 种，尤以两栖、爬行类和昆虫类分布众多而著名于世，中外生物学家把武夷山称为"研究两栖、爬行动物的钥匙""鸟类天堂""蛇的王国""昆虫世界"等，其中，黑麂、金钱豹、黄腹角雉等 11 种动物被列入一级保护动物名单。

◀金钱豹体形和虎相似，既会游泳，又善于爬树，是胆大凶猛的食肉动物。

▶黑麂是我国的特产动物，常常栖息于海拔较高的丛林中。

▲九曲溪 ▷▷▷

曲折萦回的九曲溪贯穿于武夷山群峰之间，全长 62.8 千米。水流清澈，水源充沛，从西向东，蜿蜒自如，山绕水转，水贯山行，可谓曲曲含异趣，湾湾藏佳景。

note 知识小笔记

武夷山总面积 99 975 平方千米，是巧夺天工的天然山水园林。

Wuyi Mountains

Asia

我国最大的咸水湖——青海湖

No.018

在青藏高原北部,巍峨挺拔的日月山、大通山和连绵起伏的青海南山怀抱着一个浩瀚美丽的高原湖泊——青海湖。远远望去,那蓝得发亮的浩渺湖水,就像一面光亮的宝镜,镶嵌在皑皑的雪山和茫茫的草原之间,构成了一幅山、湖、草原相映成趣的壮美风光和绮丽景色。

▲ 地理概况 >>>

青海湖位于青藏高原东北部祁连山下山间盆地,既是中国最大的内陆湖泊,也是最大的咸水湖。湖水来源主要依赖地表径流和湖面降水补给。湖面东西长,南北窄,略呈椭圆形。

▲ 青海湖的形成 >>>

早在 2 亿多年前,青藏高原是古地中海的一部分,直到 200 多万年前,剧烈的造山运动使得这片古海逐渐隆起,一跃形成了青藏高原。海水被逼走,有的则被四周的高山环绕起来,形成大大小小的湖泊,青海湖就是其中之一。

◀ 从卫星上看到的青海湖

▲气候状况 >>>

青海湖具有高原大陆性气候，光照充足，冬寒夏凉，暖季短暂，冷季漫长，春季多大风和沙暴；雨量偏少，雨热同季，干湿季分明。

知识小笔记

青海湖面积达 4 456 平方千米，环湖周长 360 多千米，平均水深约 19 米多，最大水深为 28 米，蓄水量达 1 050 亿立方米。

⬆ 春天青海湖畔山清水秀，美丽的野花竞相开放。

▲鸟岛 >>>

鸟岛位于湖的西北，面积约 0.11 平方千米，这里是 10 多种候鸟的王国。每年三四月，有 10 万只候鸟从四面汇集于此，繁殖后代。鸟群此起彼落，把整个小岛遮盖得严严实实，到了五六月间，满岛都是鸟巢鸟蛋，密集的地方，几乎不能下脚，这时的鸟岛成了一片欢腾、喧闹的鸟的世界。

◀ 鸟岛地势平坦、气候温和、三面绕水、环境幽静、水草茂盛、鱼类繁多，是鸟类繁衍生息的天然场所。

▲天然鱼库 >>>

青海湖中盛产湟鱼，是我国西北地区最大的天然鱼库。四五月间，鱼群游向附近河流产卵，布哈河口密密麻麻的鱼群铺盖水面，使湖水呈现黄色，鱼儿游动有声，翻腾跳跃，异常壮观。

Lake Qinghai

Asia

世界屋脊——青藏高原

No.019

雄伟广阔的青藏高原被人们誉为"世界屋脊",因为它的海拔高度平均在 4 000 米以上,是地球上海拔最高的高原。走上青藏高原,你立刻就可以领略到它那独特的景观和特别的气候,因为高原上的气候和海平面上有很大不同,其中最主要的就是空气的复杂变化。

🔺地理位置 >>>

青藏高原在我国西南部接近南亚的地方,它南面和西面是连绵不断的世界最高山脉喜马拉雅山脉,东面是横断山脉,北面靠着昆仑山脉,全境面积大约有250 万平方千米。

noto **知识小笔记**

青藏高原平均海拔高度在 4 000 米以上,全境面积大约有250 万平方千米。

🔻青藏高原上的布达拉宫

▲ 形成原因 >>>

　　早在 4 亿多年前这里就有板块隆起的岩石记录，今天我们看到的青藏高原是在大约 8000 万年到 2.4 亿年前开始的喜马拉雅运动中抬升为陆地，并不断地增高，最终从洋底变成高原，直到今天，青藏高原依然处于不断的变化之中。

▲ 中国地势第一级 >>>

　　我国的地势西高东低，就像一层一层的台阶一样，青藏高原毫无疑问成为我国地势第一级，因为它的平均海拔是最高的。我们熟悉的河流，比如长江和黄河，都发源于青藏高原的唐古拉山。

↑ 唐古拉山是在 5 000 米的高原上耸立起来的山脉，海拔 6 839 米，山体宽 150 千米以上，主峰格拉丹冬是长江正源沱沱河的发源地。

▲ 年轻的高原 >>>

　　青藏高原并不是一直在增长，而是有过几次起伏，最近的 1 万年时间以来，青藏高原一直在猛烈地增长，最终使它成为世界上最高的高原。从这一点来说，青藏高原还是一个年轻的高原。

◄ 生活在高原上的牦牛享有"高原之舟"的美誉，它是地球上生活在海拔最高地区的哺乳动物，腹、肩、股、肋部都有长及地的毛，即使睡卧冰天雪地也不觉寒冷，而其坚实的蹄质则可攀走于高原雪地。

Qinghai-Tibetan Plateau

Asia

天山明珠——天山天池

No.020

天山山脉全长2 500千米，横亘亚洲腹地，为塔里木盆地和准噶尔盆地的天然分界线。天池处于天山东段最高峰博格达峰的山腰，是一座200余万年以前第四纪大冰川活动中形成的高山冰碛湖。天池是世界著名的高山湖泊。

🔺传说 >>>

天池古称瑶池，后来乾隆皇帝根据天镜神池之意命名为天池。传说天池是西王母梳妆台上的银镜，又说是西王母的沐浴池……这些美妙的神话传说给天池添上了一层神秘色彩，后来世人将天池的自然风光概括为"石门一线""龙潭碧月""顶天三石""定海神针""南山望雪""西山现松""海峰晨曦""悬泉飞瀑"八大景观。

note 知识小笔记

天池湖面海拔1 980余米，南北长3 000余米，东西最宽处1 500余米，旺水时湖面积达4.9平方千米，最深处105米，总蓄水量1.6亿立方米。

🔺天山天池是世界著名的高山湖泊。天池自然风景名胜区以高山湖泊、云杉林和雪山景观为特色，是国内著名的避暑旅游胜地。

🏔 避暑胜地 >>>

　　天池四季景色俱佳，夏季，这里碧波浩渺的湖水倒映着远处海拔 5 545 米白雪皑皑的博格达峰，近处草坡云衫挺拔，碧水、雪山、松林、繁花、草坪衬托出如诗如画的美妙仙境，令人无限神往。

🏔 冰雪世界 >>>

　　在海拔 3 000 米以上，是冰川积雪带，纵横的冰川上随处可见水深莫测的冰湖、令人胆战心惊的冰裂缝，还有蓝色的冰蚀洞、水花四射的冰喷泉、冰钟乳、水晶墙、冰桌、冰蘑菇……冰雪世界冷艳动人。

🏔 龙潭碧月 >>>

　　天池下方约 2 千米盘山公路西侧有一个幽深碧绿的小湖，叫做西小天池，池周塔松竞秀，满山苍翠。每当夜幕降临，皓月当空，山峰、树影和碧月一起倒映潭中，静影沉璧，月影微颤，有诗赞曰："金秋桂月沉壁底，疑是嫦娥出广寒"。

↑天山上有多个天池，都是游览胜地。

↑天池面呈半月形，湖水清澈，晶莹如玉，四周群山环抱，有"天山明珠"的盛誉。

Tianshan Tianchi

Asia

欧　洲

　　欧洲位于亚洲的西面，是亚欧大陆的一部分，北、西、南三面分别濒临北冰洋、大西洋、地中海和黑海，就像亚欧大陆向西突出的一个大半岛。欧洲的地形以平原为主，冰川地形分布较广，高山峻岭会集南部。欧洲海岸线曲折，海湾众多，气候温和湿润，是世界上平均海拔最低的大洲。

大西洋的九个女儿——亚速尔群岛

No.021

亚速尔群岛是大西洋中的一个乐园,它由九个不同的岛屿组成。在这里,你可以看见海豚和鲨鱼在海里嬉戏;奇特的火山地貌上长满了绿色的植被;还有蓝绿色的湖泊,休眠的火山喷发口,这里的每个岛屿都能给人一份惊喜。

▲地理位置 »»»

亚速尔群岛位于北大西洋中东部,距离葡萄牙海岸约 1 450 千米,离北美大陆 3 200 多千米,属于葡萄牙共和国的领十,陆地面积 2 344 平方千米。亚速尔群岛是欧、美、非洲之间海、空航线中继站,战略和交通位置极其重要。

👇 亚速尔群岛的火山湖

▲ 自然概况

　　亚速尔群岛为火山岛，由玄武岩熔岩组成，地势崎岖，森林茂密，湖水清澈，地热资源丰富，多火口湖和热泉，地震也较频繁。最高点位于皮科岛上，海拔 2 351 米。

note 知识小笔记

　　15 世纪时，葡萄牙航海家发现了亚速尔群岛，长期以来，该群岛一直是大西洋航线的重要补给点。

▲ 双子湖

　　东部的圣米格尔岛山高林密，云雾缭绕，岛上有个神奇的"双子湖"，湖面平如镜，在阳光的照耀下，一汪天蓝色，一汪碧绿色，湖中呈现一条直线，将闪烁着翠绿光泽的圣米格尔山掩映其中，景色十分迷人。

▲ 熔岩烧烤

　　亚速尔群岛的地热资源丰富，因而地热烧菜成了这里的一绝。把拌好调料的食物放入一个周围带孔的木制圆桶，在地表冒地热的小洞口，用蒸汽连续蒸煮几个小时，热腾腾、香喷喷的饭就熟了，真是别有一番滋味，其中烤鸡是最负盛名的。

Azores

Europe

世界著名火山——维苏威火山

No.022

维苏威火山是世界著名的火山之一，它位于意大利那不勒斯湾之滨。维苏威火山过去被称为苏马山或索马山，其古老山地的边缘部分现呈半圆形，环绕于目前的火山口。维苏威火山在历史上喷发过多次，平时仍有喷气现象，说明火山并未"死去"，只是处于休眠状态。

🌋地理概况

由于维苏威火山一直很活跃，因此后期形成的新火山上植被一直没有长出，看起来有点秃，而早期喷发形成的位于新火山外围的苏马山上已有了稀疏的树木。站在火山口边缘上可以看清整个火山口的情况，火口深约一百多米，由黄、红褐色的固结熔岩和火山渣组成。

note 知识小笔记

维苏威火山海拔1 277米，火山口周边长1 400米，深216米，基底直径3 000米。

🔺火山的形成 ▶▶▶

　　火山原系海湾中一小岛，后经一系列火山爆发堆积的喷出物将其与陆地连成一体。从高空俯瞰维苏威火山的全貌，那是一个漂亮的近圆形的火山口，正是公元 79 年那次大喷发形成的。

🔺从高空俯视维苏威火山

🔺庞贝古城遗址

🔺庞贝城的毁灭 ▶▶▶

　　维苏威火山最著名的一次喷发发生在公元 79 年，灼热的火山碎屑毁灭了当时极为繁华的拥有 2 万人口的庞贝古城，直到 18 世纪中叶，考古学家才把庞贝古城从数米厚的火山灰中挖掘出来。

🔺不停地喷发 ▶▶▶

　　维苏威火山在 1.2 万年中不时喷发，火山口总是缭绕着缕缕上升的烟雾，散发热量足以点燃一张纸。20 世纪，维苏威火山发生了 6 次大规模的喷发，最近一次喷发是在 1944 年，下一次的喷发只是时间早晚而已。

▸俄国画家勃留洛夫赴庞贝古城遗址考察后，完成的油画《庞贝城的末日》。

Mount Vesuvius

Europe

亚欧的天然分界线——高加索山

No.023

巍峨的高加索山脉位于黑海和里海之间，自西北向东南蜿蜒，是亚欧两洲之间的天然分界线。在希腊神话故事中，那位令人钦佩和同情的人类保护神——普罗米修斯就是被束缚在高加索山上，也是在这里，照耀人类历史的火种，带着英雄的豪迈与不屈流传了下来。

note 知识小笔记

厄尔布鲁士峰是高加索山脉中的最高峰，海拔 5 633 米，因为它位于群山中央，更显出类拔萃、卓尔不群。

🔺 地理概况

高加索山自西北向东南延伸，形成大高加索和小高加索两列主山脉。山顶处的积雪堆压着群山形成一条连绵的飘带，沿山脊起伏几千米，在阳光照耀下，颇为壮观。

冬季高加索山全景

🔺冰川作用 ≫

　　高加索山位于高纬度地带，冰川对地形的侵蚀很强烈，巨大的冰斗耸立于山腰，成了薄如刀刃的山脊，山间泥沼、高山湖泊以及宽广的山谷都是由冰河作用所致，迄今为止这里还有 60 余处冰河遗址。

● 棕熊

🔺西高加索山 ≫

　　西高加索山在高加索山脉的最西端，这里是生命的一片"乐土"。植被呈典型的垂直分布，从山路到山顶依次生长着落叶林、冷杉、白桦树、高加索杜鹃和灌木丛等。棕熊、高加索鹿、水獭、黑鹳等许多动物在这里自由自在地生活着。

● 黑鹳

Caucasus Mountains

Europe

57

金字塔形山峰——马特峰

No.024

马 特峰并不是阿尔卑斯山脉的最高峰，甚至也不是瑞士的最高峰。但是，它有 4 条颇具特色的山脊以及赋予它金字塔形状的 4 个面。马特峰附近没有别的山峰，因此它的美丽更引人注目。

🏔 地理位置 ▶▶▶

马特峰位于瑞士与意大利边界上，在阿尔卑斯山脉的主峰勃朗峰以东，为彭尼内山的主峰，四面都是峥嵘峭壁，角峰直插蓝天，无论从哪个角度看都是尖锐的四棱锥——典型的金字塔形山峰。

note 知识小笔记

马特峰海拔约 4 478 米，矗立在阿尔卑斯山脉的群峰环绕之中，显得雄伟而孤傲。

 马特峰由数条倾斜向上的山峰会合而成，直指青天的气势使人生畏。

🏔 阿尔卑斯山脉 ▶▶▶

阿尔卑斯山脉是欧洲最高大、最雄伟的山脉。经过法国、瑞士、德国、意大利、奥地利和斯洛文尼亚六个国家，绵延 1 200 千米。平均海拔 3 000 多米。

 山脉的形成 ▶▶▶

　　大约 1.5 亿年以前，现在的阿尔卑斯山区还是古地中海的一部分，随后陆地逐渐隆起，形成了高大的阿尔卑斯山脉。整个山区的地壳至今还不稳定，地震频繁。

▲ 冰川 ▶▶▶

　　近百万年以来，欧洲经历了几次大冰期，阿尔卑斯山区形成了很典型的冰川地形，许多山峰岩石嶙峋，角峰尖锐，山区还有很多深邃的冰川槽谷和冰碛湖。直到现在，阿尔卑斯山脉中还有 1 000 多条现代冰川，总面积达 3 600 平方千米，比卢森堡的国土面积还要大。

↑ 马特峰以其壮丽的外形以及耸立于瑞士采马特村的地势而闻名。

▲ 山地植被 ▶▶▶

　　阿尔卑斯山脉的植物呈带状分布。山地南坡，海拔 800 米以下属亚热带常绿硬叶林带，往上依次是以山毛榉和冷杉为主的混交林带，由云杉、冷杉、雪松等组成的针叶林，高山草甸等。

"欧洲巨龙"阿尔卑斯山脉

Matterhorn Peak

Europe

世界奇迹——巨人之路

No. 025

巨人之路是英国北爱尔兰安特里姆郡西北海岸的岬角，又称巨人岬，由峭壁伸至海面的大约有 3.7 万多根六边形、五边形或四边形的石柱聚集成一条绵延数千米的堤道，这些石柱以井然有序的造型，磅礴的气势令人惊叹不已。

🔺外貌特征 ⟫⟫

峭壁平均高度为 100 米。这 3.7 万多根玄武岩石柱形状很规则，看起来好像是人工凿成的。这些石柱多六边形，也有四边形、五边形和八边形的，有的石柱高达 12 米，矮的也有 6 米多，高低参差、错落有致，延伸向大海，宛若鬼斧神工的仙境。

🔺形成原因 ⟫⟫

巨人岬是地质运动的产物。在 5 000 万 ~ 6 000 万年以前，地下的熔岩从裂缝中挤出，像河流一样流向大海。熔岩因此迅速冷却而变成固态，并分裂成大的柱状体。

◀ 在火与水的洗礼中，玄武岩形成了今天北爱尔兰俊俏的海岸。

知识小笔记

巨人之路的石柱横截面宽度在 37 ～ 51 厘米之间，典型宽度约为 0.45 米。

从低处看，这些石柱犹如一排排整齐的烟囱。

形象的名字

人们给不同的石柱都起了形象化的名称，如"烟囱管帽""大酒钵"和"夫人的扇子"等。

巨人之路的亲戚

与"巨人之路"类似的柱状玄武岩石地貌景观在世界其他地方也有分布，如苏格兰内赫布里底群岛的斯塔法岛、冰岛南部、中国江苏六合县的柱子山等，但都没有巨人之路表现得那么完整和壮观。

参差不齐的石柱总是让人浮想联翩

巨人之路的未来

现在，由于全球变暖导致海平面上升，巨人之路这一世界遗产正在面临威胁。预测到 21 世纪末，海平面将上升 1 米，而更严重的是随之而来的海浪和风暴将更加猛烈地袭击巨人之路，到 22 世纪初，人们将难以见到部分巨人石道上的独特景观。

Giant's Causeway

Europe

蓝色的国际河流——多瑙河

No.026

多瑙河是仅次于伏尔加河的欧洲第二长河，它沿途接纳了 300 多条大小支流，流域面积达 81.7 万平方千米，像一条蓝色的飘带蜿蜒在欧洲的大地上。多瑙河沿岸山清水秀，一派田园风光，被誉为"欧洲最大的地质、生物实验室"。

🔺 流经国家最多的河流 ▶▶▶

多瑙河全长 2 850 千米，发源于德国西南部，流经德国、奥地利、斯洛伐克、匈牙利等十多个国家，最后注入黑海，其流域范围还包括瑞士、捷克、斯洛文尼亚等 6 个国家，是世界上流经国家最多的河流。

note 知识小笔记

多瑙河全长 2 850 千米，是世界上流经国家最多的河流。

🔺 多瑙河三角洲 ▸▸▸

多瑙河下游河口形成了著名的多瑙河三角洲，这里是鸟类的天堂，是欧洲飞禽和水鸟最多的地方，来自欧、亚、非三大洲的候鸟会合于此，形成热闹非凡而又繁华壮丽的景象。

▸ "多瑙河上的明珠" ——布达佩斯

🔺 沙沙作响的黄金 ▸▸▸

多瑙河三角洲 2/3 以上的地区生长着茂密的芦苇，年产芦苇 300 多万吨，约占世界总产量的 1/3。由于芦苇全身是宝，所以被罗马尼亚人亲切地称为"沙沙作响的黄金"。

Danube River

Europe

63

鬼斧神工——弗拉萨斯溶洞群

No.027

弗拉萨斯溶洞群是位于意大利中部石灰岩山林中的美丽溶洞,这里拥有世界上最令人难忘的钟乳石、石笋和薄的可以透过光线的矿物沉积物,滴水中含有的矿物质,更将这里装扮成一个令人目不暇接的彩色世界。

🔺形成原因 ›››

弗拉萨斯溶洞群位于一流的喀斯特地区,埃西诺河以及其支流森蒂托河的流水几千年来不断地刻蚀和溶解溶洞中那些岩石最脆弱的地方,所以形成了今天奇特的溶洞群。

🔺钟乳石、石笋和石柱 ›››

悬挂在溶洞顶上的石柱就像冰柱一样,被称为"钟乳石";那些立在地上的柱状物就是"石笋"。终于有一天,钟乳石和石笋相连在一起,形成石柱,这种结构往往需要花费成千上万年的时间。

知识小笔记

1971 年，一支洞穴学家考察队在挖掘亚平宁山脉石灰岩山丘时，偶然发现了弗拉萨斯溶洞中最精彩的大风洞。

壮观的蝙蝠洞

蝙蝠洞里，成千上万只蝙蝠或者倒悬在溶洞顶上，或者安详地来回飞翔。黄昏时分，它们则成群结队地离开这里，去捕捉飞蛾和其他昆虫，此时的溶洞入口处则会乱成一团。

▲ 蝙蝠洞中夜晚成群飞出觅食的蝙蝠

大风洞

大风洞，不仅是一个巨大的洞穴，而且连接着周围近 13 千米的遂洞和通道。它有几个巨大的洞穴，每一个洞穴大得足以安置一个教堂，而许多小的洞穴，也各有其独特的神韵。

大风洞

无极宫

无极宫里的钟乳石和石笋长得相当长，以至其中许多已成为雄伟的柱子。柱子的复杂结构使人联想起哥特式建筑中精美的雕刻结构，而且该洞中支撑着洞顶的柱子给人以势不可挡之感。蜡烛宫的穹顶上则垂下成千乳酪般的白色钟乳石。

▲ 无极宫

Grotto of Frasassi

Europe

冰岛奇观——米瓦登湖

No.028

米瓦登湖（中国人也叫做米湖）是冰岛的第五大湖，位于奥大达伦熔岩带的北边，由于地下水通过岩石缝隙渗入低处，会集成湖。米瓦登湖除了美丽的景色之外，还保存有完整的火山地理景观，包括地热、间歇性喷泉、火山口等。

note 知识小笔记

米瓦登湖大约 37 平方千米，由于山的屏障被视为冰岛最干燥的区域之一。

▲黑色古堡

在湖东山坡下，有一簇黝黑的嶙峋怪石，这些怪石有的状如尖塔，有的状似城堡，簇拥在一个狭长的谷地周围，远远望去，火山口犹如一座雄伟的黑色古堡，这是米瓦登湖的一大奇景。

● 米瓦登湖上的火山喷火口

▲火山喷火口

米瓦登湖附近，矗立着一座圆锥形的火山喷火口，这一带大大小小的熔岩，就是这个火山口喷发的结果。

⛰️ 地下温泉 ▶▶▶

　　米瓦登湖区的另一胜景是地下温泉，地下温泉的水常年保持在 27℃ 左右，可终年用来沐浴。

↑ 鳟鱼喜欢生活在冷水中，10～16℃ 是最适当的。

⛰️ 湖中生物 ▶▶▶

　　湖中聚集着一种极小的水生物，以这种生物为食的鳟鱼在湖中大量繁殖。湖中分布着许多奇形怪状的岛屿，岛上栖息着各种水鸟，仅野鸭一类，就达 10 多种，数量约 10 万只以上。

↑ 冰岛的地下热泉

⛰️ 克拉夫拉热气田 ▶▶▶

　　克拉夫拉热气田是米瓦登湖区的第三大奇观，这一带弥漫着黄色的烟雾，较低处则是泥浆翻滚，热气蒸腾，热气田的水温高达 270℃，是用来发电的最廉价的动力。当地利用这里的热气，建起了冰岛第一座地热发电站。

↑ 建在克拉弗拉热气田上的热电站

Lake Myvatn

Europe

圣诞老人的故乡——拉普兰地区

拉普兰不仅是拉普人和驯鹿的家园,更是世界闻名的圣诞老人的故乡。拉普兰地区位于斯堪的纳维亚半岛北部的北极圈内,包括了芬兰、瑞典及挪威等地的北极圈以北的地区。这里有巍峨的山峦和湍急的河流,有星罗棋布的湖泊和一望无际的森林,还有奇异的北极光。

🔺 地理风貌 ▶▶▶

拉普兰地区有两类自然地理风貌:一类是东部以太古代岩石为基地的低地;另外一类是西部占整个保护区面积 2/3 的高山景观,前者的形成时代更晚一些。

🔺 气候特点 ▶▶▶

这里的大部分地区属于极地气候,全年平均气温在0℃以下。冬季寒冷而漫长,夏季非常短暂。特殊的地理位置和气候条件使拉普兰地区依然保持着天然、粗犷、壮美的风姿。

◀ 拉普兰地区冬季常常被大雪覆盖

▲旅鼠是一种非常可爱的小动物，比普通老鼠要小一些，体形椭圆，四肢短小，最大可长到 15 厘米。旅鼠的眼睛中常常闪烁着胆怯的光芒，但当被逼得走投无路时，它们也会勃然大怒，奋力反击。

🔺旅鼠 ⟩⟩⟩

旅鼠是拉普兰地区最有趣的动物，它们经常进行大规模迁徙。迁徙时，大批旅鼠朝着一个方向前进，无论山丘、河流、沼泽都挡不住它们的去路，也不能使它们改变方向。关于旅鼠迁徙之谜，科学家们至今还没有找到答案。

知识小笔记

拉普兰地区占地面积大约是 9 400 平方千米，海拔高度在 600 ~ 2 016 米之间。

▲驯鹿的个头比较大，雌鹿的体重可达 150 多千克，雄性稍小，体重为 90 千克左右。

🔺多样的生物 ⟩⟩⟩

驯鹿是拉普兰地区最具有代表性的动物之一，这里还是麋鹿、大山猫和狼獾的家园。水獭、白尾鹰等一些濒危动物也在此生活。其他的重要物种还有棕熊、猞猁、金鹰、天鹅、矛隼、猎鹰等。

▲伊纳里湖

🔺众多的湖泊 ⟩⟩⟩

这里并非冰天雪地，而是有数不尽的湖泊、江河和溪流，它们由森林和沼泽连接起来。在这片蓝绿相间的拼图中，最辽阔最湛蓝的就是伊纳里湖，湖的沿岸有数以百计的小湾，湖里约有 3 000 个葱郁的岛屿星罗棋布，有些小岛只比岩石略大。

Lapland Province

Europe

白色悬崖——多佛尔悬崖

No.030

多佛尔,历史上被称为通向英格兰的钥匙,多佛尔的白色悬崖高高地耸立于海面上,其闪烁着的耀眼的白色是许多航海家对英格兰的第一印象。白色悬崖似一道海上长城巍然耸立守护国门,使无数海上入侵者望而生畏。

🔺地理概况 »»»

多佛尔是英国东南部肯特郡的一个闻名于世的海港城市,是大不列颠岛距欧洲大陆最近的地方,历史上一直是兵家必争之地。

🔺白色悬崖 »»»

白色悬崖是一段垂直"插"进海里近百米高峭似削的绝壁危崖,朝海的一面裸露着白色岩石,因此被称为"白色悬崖"。站在崖边远眺,多佛尔海峡白浪滔天,水天相连,气势磅礴。天气特别好时,用望远镜可以清楚地看到对岸法国加来的建筑物。

🏔白色悬崖的形成 ❯❯❯

白色悬崖以形成于晚白垩纪的白垩地层为主，当时无数微生物的躯体和富含碳酸钙的贝壳死后沉入海底，再经过沉积作用、海水和风力的侵蚀作用逐渐形成。

◄ 许多年来，多佛尔白色悬崖已经成为航海者异常熟悉的航标。

🏔美丽的多佛尔 ❯❯❯

美丽的多佛尔三面环山，为广袤原野和绿色丛林所环绕，一面临海，依偎着蜿蜒曲折蓝如宝石般的多佛尔海湾。从海上看，小城依托青山绿林与蓝海相映成趣，气势雄浑，十分迷人。在陆地上看，古典建筑和独特的城区布局给小城抹上了浓重的中世纪色彩，让人们能够充分领略古代欧洲风情。

note 知识小笔记

白色悬崖隔多佛尔海峡与法国相望，距法国仅 34 千米。

🏔古城堡 ❯❯❯

耸立在海滨乌尔顿山巅的古城堡是多佛尔的一大骄傲，它兴建于 1160 年，由巨石砌起，外有两道厚厚的围墙，每道围墙上都有若干碉堡和古炮台。整个古城堡居高临下，傲视大海，地势十分险要。

↓ 多佛尔古城堡

White Cliffs of Dover

Europe

传说中水怪的家园——尼斯湖

No.031

在英国苏格兰，有一个因为发现了不明生物而成为旅游胜地的水域——尼斯湖。尼斯湖原本默默无闻，但自从有人在湖面目击到了一种庞大的长颈怪物以后，它吸引着世界各地人们的目光。现在的尼斯湖已成了著名的旅游观光和度假胜地。

🔺 地理概况 ▷▷▷

尼斯湖位于英国苏格兰北部的大峡谷中，是英国内陆最大的淡水湖。面积不大却很深，平均深度达到 200 米，最深处有 293 米。该湖终年不冻，两岸陡峭，树林茂密。湖北端的尼斯河与北海相通。

🔺低温的湖水 ▶▶▶

尼斯湖湖水的温度非常低,在夏季,距离水面 30 米内的水温可达 12℃,但是 30 米以下的水温却仍然保持在 5.5℃,所以一般的鱼类和水生动物都是生存在靠近水面的地方。1981 年,在水深超过 210 多米的地方却发现了北极嘉鱼的踪影。

🔺特殊的地质构造 ▶▶▶

尼斯湖水中含有的大量泥炭使湖水非常混浊,水中能见度不足 1 米,而且湖底地形复杂,到处是曲折如迷宫般的深谷沟壑。

> **note 知识小笔记**
>
> 尼斯湖长 39 千米,宽 2.4 千米。一千多年来,关于水怪的传说给这座湖披上了神秘的面纱。

↑ 尼斯湖水波光粼粼

● 想象中的尼斯湖水怪

🔺关于水怪的记载 ▶▶▶

关于尼斯湖水怪的最早记载可追溯到公元 565 年,爱尔兰神职人员圣哥伦布到苏格兰旅游时目睹尼斯湖有怪物袭击游泳者。自此以后,10 多个世纪里有关尼斯湖水怪的传闻有一万多件,但目前科学界还无法证明尼斯湖水怪是否真实存在。

Loch Ness

Europe

西南欧最大的山脉——比利牛斯山

No.032

欧洲

西南欧最大的山脉——比利牛斯山

比利牛斯山位于西南欧，法国和西班牙两国的交界处，分隔欧洲大陆与伊比利亚半岛，它西起大西洋比斯开湾，止于地中海岸，是欧洲西南部最大的山脉，最高峰阿内托峰海拔 3 404 米。山中有小国安道尔和比利牛斯山国家公园。

🔺分类 ▶▶▶

按照比利牛斯山的自然特征可分为三个部分，即：西比利牛斯山，中比利牛斯山，东比利牛斯山。比利牛斯山西段，降水量大，河流遍布。中段比利牛斯山山势最高，险峰林立。东比利牛斯山又称为地中海比利牛斯山，山脉海拔较低。

> *note* **知识小笔记**
>
> 比利牛斯山绵延约 435 千米，海拔多为 2 000 米以上。

◀ 比利牛斯山脉绵延数百千米，实际上是阿尔卑斯山脉的衍生，具有阿尔卑斯山脉的自然特征。

🔺山脉构成 ▷▷▷

庞大的比利牛斯山山体主要由花岗岩、古生代页岩和石英岩构成，并遍布冰蚀谷、冰蚀湖、冰川。现代冰川多集中在海拔达 3 000 米的冰斗和悬谷之内，总面积约为 40 平方千米。

● 比利牛斯山脉是一串古老山脉地质的再现

🔺气候特点 ▷▷▷

比利牛斯山脉北坡属温带海洋性气候，年降水量 1 500 ~ 2 000 毫米，有山毛榉和针叶林。南坡属亚热带夏干型气候，年降水量 500 ~ 750 毫米。

▸ 比利牛斯山坡上生长着茂密的植物

🔺地理意义 ▷▷▷

比利牛斯山既是法国和西班牙的界山，又是法西边界的阿杜尔河、加龙河以及埃布罗河的分水岭。

🔺安道尔公国 ▷▷▷

安道尔境内高山环抱，峰峦相映，拥有天然的滑雪场与狩猎场。冬天过后，群山披绿，万木复苏，景色迷人，再加上山间湖泊，流水潺潺，城中奇特的风情建筑构成了一幅美丽的图画。安道尔公国就像一颗明珠镶嵌在比利牛斯山中，让大自然的壮丽更增添了人工的精巧。

▴ 安道尔公国

Pyrenees

Europe

神秘的大爆炸——通古斯

No.033

1908 年 6 月 30 日，一颗火球从天而降，撞击在今俄罗斯西伯利亚森林的通古斯河畔，撞击引起的大爆炸照亮了周围数千平方米的夜空，引发的大火焚毁 8000 多万棵树木。这就是著名的通古斯大爆炸，它留下一个至今尚未解开的科学谜团。

🏔 巨大的爆炸 ›››

大爆炸的威力相当于投掷到日本广岛和长崎原子弹的 1 000 倍。爆炸过后，60 千米外的居民能感受到爆炸引发的地面震动，还有人被巨大的声响震聋了耳朵。英国伦敦的许多电灯骤然熄灭，一片黑暗，欧洲许多国家的人们在夜空中看到了白昼般的闪光。

⬆ 通古斯大爆炸电脑模拟图

note 知识小笔记

大爆炸过后，地面上出现了 3 个直径为 90 ～ 200 米的爆炸坑。

🏔 爆炸后的奇怪现象 ›››

爆炸过后，科学家们发现爆炸地区的土壤被磁化，有些树木年轮中还出现放射性异常，某些动物出现了遗传变异。

神奇的白夜——北欧午夜的太阳

No.034

> **在**金黄色的天空中，朝阳把晚霞替换，每天只有半个小时的昏夜，黑暗就被霞光驱散。"这是俄罗斯诗人普希金对圣彼得堡夏季所作的生动描述，这就是奇特的极昼现象，人们又把它叫做午夜的太阳。

🔺产生的原因 ▶▶▶

北半球夏季到来时，太阳直射点向北回归线移动，昼长夜短，纬度越高，白昼越长，太阳终日不落，24 小时都是白天，叫做"极昼"或"白夜"。这时候在南极圈内，则终日不见太阳，叫做"极夜"。

➡️挪威很靠近北极圈，有一部分还在北极圈内，所以到接近夏至的时候，差不多会出现极昼的现象，也就是午夜，太阳仍然在天上挂着，这就是午夜太阳的奇景。

note 知识小笔记

极昼和极夜是只有在南、北极圈内才能看到的一种奇特的自然现象。极昼时太阳总挂在天空，极夜时四周一片漆黑。

🔺神奇的"白夜" ▶▶▶

在芬兰的克米亚尔维，每年夏至日，太阳一直在地平线上转圈子，不会落下去。人们不用灯光照样可以读书、写字，这里的夏季最长的地方有 73 天连续不断的"白夜"。俄罗斯的摩尔曼斯克海港每年有 3 个月以上不需要人工照明。

独一无二的美景——挪威峡湾

No.035

挪威以峡湾闻名，有"峡湾国家"之称。从北部的瓦伦格峡湾到南部的奥斯陆峡湾为止，一个接一个，这无穷尽的曲折峡湾和无数的冰河遗迹构成了壮丽精彩的峡湾风光。挪威人视峡湾为灵魂，并以峡湾为荣。挪威峡湾给人带来的不仅是视觉的冲击，更是心灵的震撼。

"峡湾国家"

　　挪威是欧洲纬度最北的国家，全境 1/3 的土地位于北极圈内，挪威的海岸线蜿蜒曲折长达 2.5 万千米，是南北疆域直线距离的 10 倍以上，其中主要的原因就是因为有着诸多的峡湾。

note 知识小笔记

　　挪威峡湾中最著名的松恩峡湾长 204 千米，深 1 308 米。

↑挪威的峡湾被国际著名旅游杂志评选为保存完好的世界最佳旅游目的地和世界美景之首，并被联合国教科文组织列入《世界遗产名录》。

松恩峡湾 >>>

在众多的峡湾中，松恩峡湾是世界最长、最深的峡湾。航行在平如镜面的松恩峡湾上，两岸风景如画，远处"七姐妹峰"上白雪皑皑，另一边的弗利亚瀑布倾泻而下，给人一种惊心动魄的壮观之美。

↓从圣坛岩看吕瑟峡湾

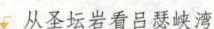

形成原因 >>>

大约100万年前，该地区的冰川厚度达到2 000～3 000米。从1万年前开始，冰川开始融化并向海洋移动，在此过程中产生了巨大的力量，将山谷切割成U形，海水倒灌的地方就形成了峡湾。加拿大、新西兰和智利都有峡湾，但最大的峡湾在挪威。

↑"松恩峡湾天下秀，碧水青山处处诗"

吕瑟峡湾 >>>

在斯塔万格东部的吕瑟峡湾，耸立有一片24平方米的片麻岩平地，这块巨石自海平面拔地而起，海拔高达600米。夏天，人们喜欢来此观海、晒太阳。

Norwegian Fjord

Europe

非　洲

非洲位于东半球的西南部，地跨赤道南北，西北部的部分地区伸入西半球。面积仅次于亚洲，为世界第二大洲，因赤道横贯非洲的中部，所以有一半以上地区终年炎热，非洲还是世界上沙漠面积最大的大洲。当然，除了沙漠，非洲也有郁郁葱葱的森林和一望无际的大草原。

No.036

恩戈罗恩戈罗火山口

恩戈罗恩戈罗火山位于坦桑尼亚北部东非大裂谷内，是一个死火山口，海拔 2 400 米，形状像一个大盆"盆壁"陡峭，其外形与月球火山口极为相似，是世界第二大火山口。沿火山外缘环行，6 座海拔 3 000 米以上的山峰拔地而起，高耸入云。

🌋 火山口的特征

恩戈罗恩戈罗火山口是世界上最完整的火山口，火山口内的四周倾斜而成一个色彩缤纷的巨盘。最引人注目的是 600 米下的河道，弯弯曲曲的流水闪闪发亮，底部呈现出粉红色斑点的湖泊则更加迷人。

▲ 火山附近的非洲稀树草原

▲ 从高空拍摄的恩戈罗恩戈罗火山口

🌋 历史形成

恩戈罗恩戈罗火山以前是圆锥形，高度是现在的 2 倍。250 万年前最后一次爆发，把所有熔岩喷出，锥体顶部下塌成凹穴，只剩下火山口西北边的圆桌山。

note 知识小笔记

恩戈罗恩戈罗火山口直径约 18 千米，底部直径约 16 千米，面积广达 160 平方千米。

🏔 独立的生态系统

方圆 100 多平方千米的火山口内集中了草原、森林、丘陵、湖泊、沼泽等各种生态地貌，不断吸引火山口外的动物来此定居，逐渐形成了一个独立的生态系统。

🏔 火烈鸟

每当春天来临之际，几百万只火烈鸟聚集在火山口底部的咸水湖上，与各种花卉、植物交相辉映，时而升上天空转圈，时而又飞回水面，它们翩翩起舞，宛如一层粉红色薄纱铺撒在湖面上，美丽异常。

🔺 火烈鸟停留在湖面上形成的美景

🔺 火山口内是野生动物的天堂

🏔 野生动物的天堂

这里是野生动物的天堂，有"非洲的伊甸园"之称。大部分动物长年定居在火山口内，在干旱季节时，火山口内也不缺乏水源。该地区的动物名录看上去就像一份非洲野生动物的目录：有角马、斑马、水牛和非洲大羚羊，还有长颈鹿、狮子、大象和黑犀牛。

Ngorongoro Crater

Africa

No.037

咆哮的洪流——维多利亚瀑布

非洲

咆哮的洪流——维多利亚瀑布

维多利亚瀑布位于南部非洲赞比亚和津巴布韦接壤的地方,在非洲大陆上,它是和东非大裂谷齐名的大自然的杰作。维多利亚瀑布在赞比西河上游和中游交界处,是非洲最大的瀑布,也是世界上最大、最美丽、最壮观的瀑布之一。

▲瀑布的形成

维多利亚瀑布是由于一条深邃的岩石断裂谷正好横切赞比西河形成的,而这个断裂谷是在 1.5 亿年以前的地壳运动中形成的。

▲壮观的瀑布景观

▲瀑布的分布

维多利亚瀑布实际上分为 5 段,它们是东瀑布、彩虹瀑布、魔鬼瀑布、新月形的马蹄瀑布和主瀑布。大瀑布所倾注的峡谷本身就是世界上罕见的天堑。在这里,高峡曲折,苍岩如剑,巨瀑翻银,疾流如奔,构成一幅格外奇丽的自然景色。

🔺沸腾锅

飞流直下的这 5 条瀑布酷似一幅垂入深渊中的巨大窗帘，瀑布群形成的高几百米的柱状云雾、飞雾和声浪能飘送到 10 千米以外。数千米外的人们都能看到水雾在不断地升腾，因此它被人们称为"沸腾锅"，那奇异的景色堪称人间一绝。

↑ 气势恢宏的"沸腾锅"

🔺彩虹瀑布

彩虹映日是维多利亚瀑布经常出现的景色。而彩虹多出现在主瀑布东侧的一个瀑布区内，故人们将此瀑布称作彩虹瀑布。彩虹瀑布是大瀑布中峡谷最深的地方，约 120 米。

↙ 震耳欲聋的魔鬼瀑布

🔺魔鬼瀑布

整个瀑布的最西段被称为魔鬼瀑布，它以排山倒海之势，直落深谷，滚滚流水，汹涌飞落、雷霆万钧、惊天动地。游人至此，感觉大地都在颤抖。

note 知识小笔记

维多利亚大瀑布宽 1 800 多米，落差 108 米，是世界上最大的瀑布之一。

Victoria Falls

Africa

地球的伤痕——东非大裂谷

No.038

东非大裂谷被称为地球的伤痕,是世界上最大的裂谷带,它的长度相当于地球周长的1/6,气势宏伟、景色壮观,是纵贯非洲东部的地理奇观,裂谷中成串分布的湖泊,晶亮如珠,装点着美丽的非洲大陆。

🏔地理位置

东非大裂谷南起赞比西河的下游谷地,向北延伸到马拉维湖北部,并在此分为东西两条。东边的是主裂谷,沿维多利亚湖东侧,向北一直延伸到约旦谷地,全长近6 000千米。西面的大致沿维多利亚湖西侧由南向北逐渐消失,全长1 700多千米。

note 知识小笔记

东非大裂谷最深约达2 000米,宽30～100千米,是一本内容丰富的地质百科全书。

⛰ 原始人类

东非大裂谷的另一个特色是，它可能是人类文明最早的发源地。1975 年，科学家在坦桑尼亚和肯尼亚交界挖出了 350 万年前的人类遗骨以及足迹化石，这是目前为止所发现的最古老的史前人类证据。

⛰ 历史和未来

东非大裂谷是由于 3000 万年前的地壳板块运动，非洲东部底层断裂形成的。有关地理学家预言，未来非洲大陆将沿裂谷断裂成两个大陆板块。东非裂谷带两侧的高原上还分布有众多的火山，如乞力马扎罗山、肯尼亚山、尼拉贡戈火山等。

↑ 维多利亚湖上的日出

↑ 坦噶尼喀湖

⛰ 天然的蓄水池

东非大裂谷是一座巨型天然蓄水池，非洲大部分湖泊都集中在这里，大大小小约有 30 来个，例如维多利亚湖为非洲第一大湖，坦噶尼喀湖为非洲第一深湖等。这些湖泊呈长条状，像一串晶莹的珍珠，沿大裂谷一字排开。

⛰ 野生动物的乐园

东非大裂谷还是野生动物的乐园，湖区土地肥沃，植被茂盛，野生动物众多，大象、河马、非洲狮、犀牛、羚羊、狐狼、红鹤、鹈鹕、秃鹫等都在这里栖息。

→ 非洲狮

Great Rift Valley

Africa

沙漠之王——撒哈拉沙漠

No.039

在 广袤的非洲高原北部有一个世界上最大的沙漠，它就是撒哈拉沙漠，这个沙漠的周围被海洋包围，但是却依然因为缺少水分而陷入干旱难耐的境地，是什么原因导致撒哈拉沙漠如此接近水域，但是却又如此干旱呢？

地理位置

撒哈拉沙漠位于非洲北部，在阿特拉斯山脉和地中海以南，西起大西洋海岸，东到红海之滨，横贯非洲大陆北部，面积达 900 多万平方千米，比整个美国本土的面积还要庞大。

note 知识小笔记

撒哈拉沙漠东西长约 5 600 千米，南北宽约 1 600 千米，约占非洲总面积的 32%。

对于在沙漠中旅行的人来说，无论是在遥远的古代，还是在现代化的今天，骆驼一直是他们最好的伙伴。

▲在撒哈拉沙漠中采矿

▲沙漠的历史

在 1 万多年前，撒哈拉沙漠还是一个水源丰富，植被茂密的富饶之地，但是在随后的几千年时间里，这块陆地变得越来越干旱，最终变成了大沙漠。自人类有历史记载以来，撒哈拉地区就是沙漠。

▲沙漠的成因

现在科学家认为，撒哈拉沙漠之所以干燥，是因为它所处的地理位置的缘故，这里常年被副热带高气压控制，冷湿气团无法进入，因此气候炎热干燥，南部高原阻挠了暖湿气团的到来，来自东北的信风吹走了能带来雨水的云团，使这里的气候更加恶劣。

◀干旱的气候赋予了撒哈拉沙漠"死亡之海"的称谓

▲丰富的资源

撒哈拉沙漠虽然气候恶劣，但是却储藏有许多资源，20 世纪 50 年代以来，沙漠中陆续发现了丰富的石油、天然气、铀、铁、锰、磷酸盐等矿藏。

➡在沙漠中开采石油的设备

Sahara Desert

Africa

埃及的母亲河——尼罗河

No. 040

尼罗河纵贯非洲大陆东北部,流经布隆迪、卢旺达、坦桑尼亚、乌干达、埃塞俄比亚、苏丹、埃及,跨越世界上面积最大的撒哈拉沙漠,最后注入地中海。流域面积占非洲大陆面积的 1/9,是世界最长的河流。

🔺埃及的生命线

尼罗河是由卡盖拉河、白尼罗河、青尼罗河三条河流汇流而成。尼罗河下游谷地三角洲则是人类文明的最早发源地之一,拥有五千年文明的埃及就在这里创造出辉煌的埃及文化。至今,埃及仍有 96% 的人口和绝大部分工农业生产集中在这里。因此,尼罗河被视为埃及的生命线。

知识小笔记

尼罗河全长约 6670 千米,流域面积约 335 万平方千米。

⛰卡盖拉河

卡盖拉河是非洲东部的河流，发源于布隆迪西南部，流经坦桑尼亚、卢旺达、乌干达，注入维多利亚湖，是流入维多利亚湖诸河中最长者，通常被认作是尼罗河的上源。

↑ 卡盖拉河

⛰白尼罗河

柔美的白尼罗河是尼罗河最长的支流，它发源于热带中非的山区，流经维多利亚湖、基奥加湖等庞大的湖区，穿过乌干达的丛林，经苏丹北上。

↑ 放眼望去，青蓝色的平静河水，两岸是绿洲地带，远处则是金黄的沙漠。

⛰青尼罗河

青尼罗河发源于埃塞俄比亚高地，穿过塔纳湖，然后急转直下，形成一泻千里的水流，这就是非洲著名的第二大瀑布——梯斯塞特瀑布。呼啸的青尼罗河冲入苏丹平原后与平静的白尼罗河相会，才是大家所熟悉的尼罗河。

⛰定期泛滥

几千年来，尼罗河每年 6～10 月定期泛滥。8 月份河水上涨最高时，会淹没河岸两旁的大片田野。10 月以后，洪水消退，带来了尼罗河肥沃的土壤，人们在上面栽培了棉花、小麦、水稻、椰枣等农作物，在干旱的沙漠地区形成了一条"绿色走廊"。

↑ 埃及是"尼罗河的礼物"，如果没有尼罗河充足的泛滥之水，埃及的一切都不会存在。

Nile

Africa

观鸟天堂——纳库鲁湖

纳库鲁湖位于东非大裂谷谷底。每当东方渐渐泛红，晨曦中纳库鲁湖上数以百万计的粉红色的火烈鸟就会鸣叫起来，使原本寂静的湖面顿时喧闹无比。这时的纳库鲁湖湖光鸟影交相辉映，一片红色，这一壮美的景观被誉为"世界禽鸟王国中的绝景"。

地理位置

　　纳库鲁湖是东非著名的碱性浅水湖，位于肯尼亚首都内罗毕西北约150千米，它以这里聚集着全世界最多的火烈鸟而著名。在此生活的火烈鸟有200多万只，占世界总数的1/3。

知识小笔记

纳库鲁湖海拔1753～2 073米，面积约52平方千米。

◀火烈鸟生活在咸水湖沼泽地带和一些泻湖里，主要靠滤食藻类和浮游生物为生。

🔺 纳库鲁湖的形成 ▶▶▶

纳库鲁湖及其附近的几个小湖，地处东非大裂谷谷底，是地壳剧烈变动形成的。它的周围有大量流水注入，但却没有一个出水口。长年累月，水流带来大量熔岩土，造成湖水中盐碱质沉积，形成了今天的碱性湖水。

🔺 湖中的水藻 ▶▶▶

湖中的盐碱质和赤道上的强烈阳光，为藻类提供了良好的生长条件。几个湖的浅水区生长的一种暗绿色水藻是火烈鸟赖以为生的主要食物，水藻还含有一种叶红素，火烈鸟周身粉红，据说就是这种色素作用的结果。

🔺 纳库鲁湖中的水藻

🔺 鸟类的乐园 ▶▶▶

由于气候温和，湖水平静，水草茂密，除火烈鸟外，这里还栖息着400多种，数百万只珍禽。有褐鹰、长冠鹰等食肉鸟，也有滨鹬、矶鹬等候鸟，还有鹈鹕、杜鹃、翠鸟、欧椋鸟、太阳鸟等，这里是各种鸟类的乐园。

🔺 每年有许多鸟类学家从世界各地前来考察研究，因此纳库鲁湖也是"鸟类学家的天堂"。

● 犀牛

🔺 大型动物 ▶▶▶

纳库鲁湖周围还栖息着许多不同种类的野生动物，大型动物有河马、犀牛和长颈鹿，小型动物有跳兔、岩狸和瞪羚等。

Nakuru Lake

Africa

非洲屋脊——乞力马扎罗山

No.042

乞力马扎罗山是非洲最高的山脉,是一个火山丘,是粗犷骠悍的非洲人的象征。雄伟的蓝灰色的山体戴着她那白雪皑皑的山顶,赫然耸立于辽阔的东非大草原上,如同一位威武雄壮的勇士守卫着非洲这块美丽神奇的古老大陆。

地理位置

乞力马扎罗山位于赤道附近的坦桑尼亚东北部,素有"非洲屋脊"之称,在赤道附近"冒"出这一晶莹的冰雪世界,使乞力马扎罗山以神秘和美丽而享誉世界。

→坦桑尼亚人心目中神圣的山

note 知识小笔记

乞力马扎罗山高 5 963 米,面积 756 平方千米,距离赤道仅 300 多千米。

形成

大约 2500 万年前,东非本是一个巨大而平坦的平原,在非洲大陆和欧亚大陆相撞后,地壳出现了巨大的裂口和薄弱点,导致了该地区众多火山的形成,乞力马扎罗山就是其中之一。

↑乞力马扎罗山的整体轮廓

Mount Kilimanjaro

Africa

🐾赤道雪峰

乞力马扎罗山的轮廓非常鲜明：缓缓上升的斜坡引向长长的、扁平的山顶，这是一个盆状的火山峰顶。酷热的日子里，山麓的气温有时高达 59℃，而峰顶的气温又常在 −34℃，故有"赤道雪峰"之称。

↓日益减少的山顶冰冠

🐾两个主峰

乞力马扎罗山有两个主峰，一个叫基博，另一个叫马文济，两峰之间有一个 10 多千米长的马鞍形的山脊相连。基博峰顶火山口内的四壁是晶莹无瑕的巨大冰层，底部耸立着巨大的冰柱，冰雪覆盖，宛如巨大的玉盆。

🐾非洲屋脊的未来

因全球气候变暖和环境恶化，近年来，乞力马扎罗山顶的积雪融化，冰川退缩非常严重，乞力马扎罗山"雪冠"一度消失。如果情况持续恶化，15 年后，乞力马扎罗山上的冰盖将不复存在。

✦在海明威的笔下，雪是乞力马扎罗山不朽的灵魂。

非洲大河——刚果河

No.043

刚 果河位于非洲中部,在非洲是仅次于尼罗河的第二大河,也是世界上有名的大河之一。多少年来,刚果河那粗犷的风格,浩浩荡荡的气势、变幻的景色和强劲的威力,深深地吸引了世界各地的人们。

▲ 概述

刚果河又称扎伊尔河,上游卢阿拉巴河发源于扎伊尔沙巴高原,最远源在赞比亚境内,称谦比西河。向北流出博约马瀑布后始称刚果河,干流贯穿刚果盆地,河道呈弧形穿越刚果民主共和国,最终注入大西洋。

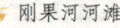
刚果河河滩

▲ 非洲中部的"水廊"

刚果河支流密布,有如蛛网,主要有乌班吉河、桑加河、阿鲁维米河等。流经的国家有赞比亚、扎伊尔、刚果和安哥拉等国,成为非洲中部一条蜿蜒曲折的"水廊"。流域面积居非洲各条河流的首位,流量仅次于亚马孙河居世界第二位。

最长的瀑布

刚果河上的瀑布数量很多，如同繁星闪烁。其中最著名的是"利文斯通瀑布群"，32 道气势雄伟的瀑布横跨在长约 100 千米的河段上。从总长度上说，这是世界上最长的瀑布。

→刚果河下游的利文斯通瀑布群

↓ 沿河优美的自然环境

第二大热带雨林区域

刚果河流域具有非洲最湿润的炎热气候，最广袤、最浓密的赤道热带雨林。刚果河热带雨林是世界上第二大热带雨林区域，稠密的常绿森林的面积同样广阔，森林区的外边是热带大草原带。

水文特征

河流几乎全部靠雨水补给，具有流量大、季节变化小、流速缓、含沙量小等水文特征。此外，还具有河流裂点多，瀑布多、峡谷、急流，水力资源丰富等明显特征。

↓ 刚果河上游地势平坦，水流和缓，宜于通航。

note 知识小笔记

刚果河长 4 640 千米，流域面积 370 万平方千米，干流共接纳 260 多条较大支流。

Congo River

Africa

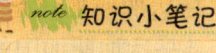

97

非洲最大的岛——马达加斯加岛

马达加斯加岛是一个展示生命无比神奇的、多样性的博物馆。在这个与世隔绝的岛上，生活着许多独特的、世界上其他任何地方都没有的物种，其中最著名的有古老的灵长类动物狐猴、色彩多变的变色龙、绝妙的兰草以及高耸的猴面包树。

▲概述

马达加斯加岛是世界第四大岛，有"小大陆"之称，是马达加斯加国的主要部分，在印度洋西部，隔莫桑比克海峡与非洲大陆相望。属非洲古地块的一部分，因断裂而脱离了大陆。

知识小笔记

马达加斯加岛的面积共有 59 万平方千米，海岸线总长 3 991 千米。

● 岛上奇特的猴面包树

🏔 地形特征

　　马达加斯加岛呈狭长形，南北窄、中部宽，全岛由火山岩构成，马鲁穆库特鲁山为岛上最高峰，阿劳特拉湖是最大湖泊。河流众多，大河均西流注入莫桑比克海峡。

　👉 安哥洛卡，又称犁头龟，是世界十大濒临灭绝的动物之一。目前，只有在马达加斯加岛上才能找到它们的身影。

↑ 马达加斯加岛上生活着种类繁多的变色龙

🏔 独特的生物资源

　　马达加斯加岛得天独厚的条件孕育了许许多多的特有动植物与海洋生物。爬虫类有将近 270 种，是岛上最大的种类，其中又有 90 种左右是特有种。两栖类中九成都是岛上特有种类，而变色龙的种类则占了全世界的 2/3，十分惊人。

🏔 唯一的大型哺乳动物——河马

　　令人奇怪的是很多非洲大陆常见的物种，如羚羊、大象、斑马、骆驼、长颈鹿、土狼、狮子、印度豹等，都没有在岛上"安家落户"，而河马则是岛上唯一的大型哺乳动物，它们大约是在第三纪的某个时期游到岛上去的。

河马

Madagascar

Africa

海上生命线——好望角

No.045

好望角是非洲大陆西南端的著名岬角,在南非的西南端,北距开普敦48千米,西濒大西洋,北连开普半岛,这是一条细长的岩石岬角,长约4.8千米。地处大西洋和印度洋相汇之处,苏伊士运河未开通之前,是欧洲通往亚洲的海上必经之地。

🏔 地理特征 ▶▶▶

好望角多暴风雨,海浪汹涌,大部分地区属非洲南部高原,西南部为廾普山脉、沿海有狭窄平原,属地中海气候。内陆气候干旱,大部分地区年降水量不足。

👇 好望角正位于大西洋和印度洋的汇合处,非洲南非共和国南部。

note 知识小笔记

好望角海拔900~1 500米,在苏伊士运河开通之前,好望角航路成为欧洲人前往东方的唯一海上通道。

海上生命线

苏伊士运河通航前的 300 多年里，好望角是欧、亚间航船必经之地，形成好望角航线，西方国家称之为海上生命线。今天，这里仍是世界交通和战略要地之一。西方进口石油的 2/3、战略原料的 70%、粮食的 1/4 均经此运送。

"好望角"的意思是"美好希望的海角"，但最初却被称为"风暴角"。

名字的由来

1488 年葡萄牙航海家迪亚士从大鱼河口探险返航途中发现岬角，因多风暴而取名为暴风角。后因经此可通往印度和东南亚，通向富庶的东方而改称好望角。

好望角的发现，是一场海上风暴送给葡萄牙航海家迪亚士的意外礼物。

好望角的礁石长年累月地承受着海浪的拍打，一直屹立如故。

杀人浪

好望角常常有"杀人浪"出现。这种海浪前部犹如悬崖峭壁，波高 15 ~ 20 米，冬季出现得更加频繁，当和极地风引起的旋转浪叠加在一起时，海况就更加恶劣，航行到这里的船舶往往遭难，因此，这里成为世界上最危险的航海地段。

Cape of Good Hope

Africa

非
洲

最
后
的
伊
甸
园
——
塞
舌
尔
群
岛

最后的伊甸园——塞舌尔群岛

No.046

在 绿宝石般浩瀚的印度洋上，珍珠般散落着 115 个花岗岩和珊瑚礁岛屿，这就是塞舌尔群岛——一个拥有这个星球上最原始、最优美的自然环境，种种珍禽异兽、棵棵参天古树，让人仿佛置身伊甸园中。

▲地理位置 ▶▶▶

　　塞舌尔群岛位于印度洋西南部，马达加斯加岛东北，地处欧、亚、非三大洲中心地带，为亚、非两洲交通要冲，地理位置十分重要。

塞舌尔被称为"世界上最纯净的地方"

🔺 海椰子

这里有一种叫海椰子的奇异水果，果实是植物王国中最大、最重的种子，通常在 10 千克左右，最重可达 30 多千克。海椰子从出生到结出第一个果实至少需要 33 年的时间，果子长到 9 个月左右，果汁香甜，可作甜食。

● 海椰子

● 阿尔达布拉岛的龟岛

🔺 各具特色的小岛

这里每个小岛都有自己的特点，阿尔达布拉岛也是著名的龟岛，岛上生活着数以万计的大海龟；弗雷加特岛是一个"昆虫的世界"；孔森岛是"鸟雀天堂"；伊格小岛则盛产各种色彩斑斓的贝壳。塞舌尔群岛还是一座庞大的天然植物园，有500 多种植物，其中 80 多种是这里独有的。

● 伊格小岛盛产各种各样的贝壳

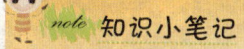

➤ 水清沙白，潜入美丽的海底，你会看到五彩缤纷的珊瑚和五光十色的鱼类世界。

note 知识小笔记

塞舌尔群岛面积 175 平方千米，包括 115 个小岛。主要岛屿：马埃岛、普拉斯兰岛、拉迪格岛。

Seychelles Islands

Africa

人类的摇篮——图尔卡纳湖

No.047

在 肯尼亚北部与埃塞俄比亚接壤处的大裂谷地带,地貌呈沙漠或半沙漠状态。然而,从高空俯视,仿佛有一颗巨大而又美丽的水晶珠闪烁跳跃在一片灰黄的茫茫大地上,这就是非洲著名的内陆湖泊——图尔卡纳湖。它不仅景色迷人,而且以"人类的摇篮"著称于世。

🔺地理位置

图尔卡纳湖位于肯尼亚北部,北接埃塞俄比亚。图尔卡纳湖又被称为"碧玉海",是肯尼亚最大的湖,也是世界上最大的咸水湖之一。

🔺名称的由来

图尔卡纳湖,旧名叫卢多尔夫湖,是西方殖民主义者起的一个名字,卢多尔夫是奥地利王太子的名字。1975年,肯尼亚政府改用居住在湖西岸马赛族一个叫图尔卡纳部族的名称来代替,从此称为图尔卡纳湖。

🔺 图尔卡纳湖的卫星图

↑ 图尔卡纳湖碧波万顷，鱼类资源极其丰富。

▲形成原因 ▶▶▶

图尔卡纳湖是由断层陷落形成的，是东非大裂谷里许多湖泊中的一个。历史上，图尔卡纳湖曾经同尼罗河是相通的，后来由于地壳运动，相互间渐渐失去了联系。

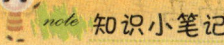

知识小笔记

图尔卡纳湖南北伸延 290 千米，平均宽度达 30 千米，面积 6 405 平方千米。

▲人类的摇篮 ▶▶▶

1967 年以来，肯尼亚考古工作者陆续在这里发现大批古人类化石、旧石器和哺乳动物化石，其中石器的年代是在 200 多万年前，由此证明，湖区是人类发源地之一。

◀ 湖区附近发现的古生物化石

▲鳄鱼岛 ▶▶▶

图尔卡纳湖有北岛、中央岛、南岛三座小岛散布湖中。中央岛位于图尔卡纳湖的中部。这里繁衍生息着世界上最大的鳄鱼群之一，有的鳄鱼长达 10 多米。岛上还有长达 2 米的蜥蜴，它们的形态同 1.3 亿年前一样。

Lake Turkana

Africa

105

典型的喀斯特地貌——青贝马拉哈

No.048

青贝马拉哈自然保护区位于马达加斯加，由喀斯特地貌和石灰岩丘陵组成，这里有挺拔的青贝峰、尖岩林、壮丽的马南布卢河河谷、连绵起伏的群山和高耸的山峰，而未遭到破坏的森林、湖泊、红树林、沼泽则是珍稀动物狐猴和鸟类的栖息地。

🔺 石灰岩树林 ❯❯❯

如针尖状耸立刺向天空的石林是青贝马拉哈保护区内的特色景观，它们是几百万年前海底珊瑚和海藻的化石堆积物，经过地壳运动而露出海面形成了今天的模样。

🔻 马达加斯加安其斯纳纳红钦基山顶

note 知识小笔记

青贝马拉哈自然保护区占地面积为 1 500 多平方千米，海拔 150 ～ 700 米。

🌿 气候特征

　　这里的降雨具有明显的季节性，6 ~ 8 月是旱季，12 月至次年 3 月是雨季。年降雨量大约是 980 毫米，年平均气温在 26℃ 以上，月平均气温在 20℃ 以上。

◀ 岛上钦基山顶的石灰岩森林

🌿 植被

　　这里的植被是典型的马达加斯加西部的喀斯特地区植被类型，干燥和密集的落叶林是这里特有的，包括黑檀木、野香蕉、猴面包树、旱生芦荟等。猴面包树是非洲的特色树种，树干呈桶状，高 10 余米，直径可达 9 米。树干富含水分，常被当地居民凿洞取水用作水源。

● 猴面包树

Tsingy de Bémaraha

Africa

"摩天大厦"——白蚁塔

在 我们生活的周围常常会看到许多摩天大楼或是造型特殊的建筑物,这些是人类的杰作,不过在动物王国中也有许多能工巧匠,它们是天生的建筑家,白蚁就是其中大名鼎鼎的一个。白蚁在地球上已经生活了 2.5 亿年,早在人类出现以前,白蚁的"房屋"就已经具有"现代化"的水平了。

各式各样的蚁穴

从外观上看,有的白蚁把椭圆形的蚁巢安在树上,有的在地面上堆起一个土馒头。有的干脆在地下修建"蚁堡"。不过,最著名的还是非洲的大白蚁塔。

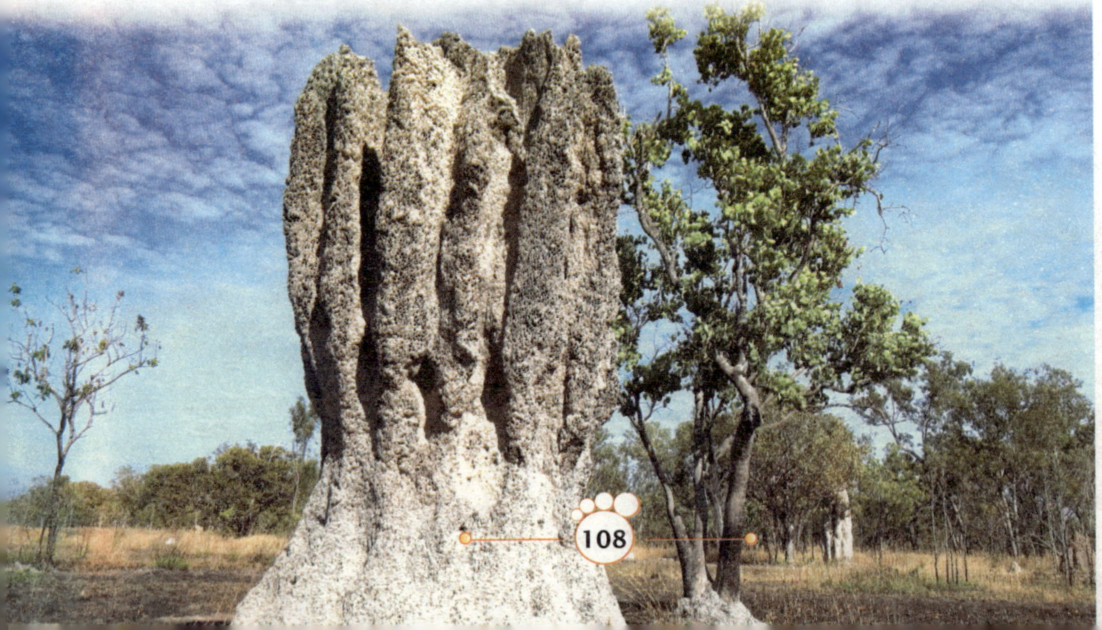

白蚁塔

🔺伟大的建筑师 ▶▶▶

　　非洲的白蚁常用嘴巴将唾液、土壤和粪便混合之后拿来盖房子，整个蚁穴呈圆锥形塔状，远远望去，既似高塔，又像碉堡，所以被叫做白蚁塔。假如白蚁的体形和人类一样大，白蚁塔的高度就相当于人类建造的 2 000 层的摩天大楼。

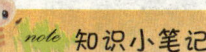
note 知识小笔记

　　热带地区常常发现有百年以上历史的白蚁"古堡"，当地的原住民常用它做仓库。

🔺内部结构 ▶▶▶

　　"蚁城"里不但有蚁王、蚁后居住的"皇宫"，普通"百姓"起居的蚁巢，还有四通八达，纵横交错的公路网。"皇宫"中还有"空调"，温度和湿度一年四季变化不大，那里既安全又舒适。

白蚁

🔺白蚁的危害 ▶▶▶

　　白蚁虽然体形很小，但对人类的危害却很大。它们以木材或纤维素为食，会蛀坏房屋、桥梁、家具、地板、森林等。

Termite Mound

Africa

北 美 洲

　　北美洲位于西半球北部。东滨大西洋，西临太平洋，北濒北冰洋，南以巴拿马运河为界与南美洲相分。北美洲中部高原区的五大湖是世界上最大的淡水湖群，有"北美地中海"之称。北美洲西部也是世界上地震频繁和多强烈地震的地带。

北
美
洲

雄
奇
壮
观
——
巴
林
杰
陨
石
坑

雄奇壮观——巴林杰陨石坑

No.050

大 约 5 万年前，一颗直径 40 米、重达 30 万吨的小行星，以每秒 25 千米的高速冲进地球大气层，在如今的美国亚利桑那州留下一个大坑，它就是著名的巴林杰陨石坑，被称为"全世界第一个被科学家确认的陨石坑"。

note 知识小笔记

巴林杰陨石坑直径长约 1.2 千米，深度为 174 米。

🔺恶魔山谷 ▷▷▷

19 世纪，英国殖民者首先发现了它，并起名为"恶魔山谷"。因为这里位于弗朗西斯科火山带不远处，他们就理所当然地认为这个坑是由于火山喷发形成的。

▽ 全球有一百多个陨石坑，巴林杰陨石坑虽然不是最大的，却是保存最完好的。

⚠️工程师的发现 ▶▶▶

1903 年，一位叫巴林杰的美国矿业工程师，在陨石坑的周边地区发现了大量小块的铁陨石，因此猜测恶魔山谷是地外天体造成的撞击坑。这个结论得到了科学家的确认，此后该坑被命名为"巴林杰陨石坑"。

➡丹尼尔·巴林杰博士

↓ 卫星上拍摄的巴林杰陨石坑

⚠️最初的猜测 ▶▶▶

陨石只是从宇宙坠入地球的一种岩石。陨石越大，它的撞击力就越强，最初人们不理解为什么在巴林杰陨石坑看不到陨石本身，人们都猜测，陨石的主体部分应该还埋藏在坑的底部。

⚠️最终的结论 ▶▶▶

后来，科学家们认识到陨石在落地时已击成碎块了。过去的一百多年里，在巴林杰坑周围 8 千米左右的地区内，先后找到了上万块铁陨石碎片，其中最大的一块重达 4 吨。

Barringer Crater

North America

活动断层——圣安德烈斯断层

北美洲

活动断层——圣安德烈斯断层

地 壳是由六大板块组成的，圣安德烈斯断层即为两大构造板块之间的断裂线，如同一块伤疤从北向南贯穿美国加利福尼亚州。在这里，美洲板块正在向北移动，而太平洋板块则正在向南移动。

概述

圣安德烈斯断层大部分是隐蔽的，但在有些地方则留下了明显的断裂痕迹，最壮观的地方，是在它穿过旧金山以南约 480 千米的卡里索平原处。

与众不同的运动方向

圣安德烈斯断层是南北走向，贯穿加利福尼亚州。它与普通断层不同，一般的断层是两个板块上下错动，而圣安德烈斯断层的两个板块是水平运动的，北美板块向北运动，太平洋板块向南运动。两大板块以每年约 13 毫米的速度相互擦滑而过。

▲引发地震 ▶▶▶

当板块运动时，它们的通道平滑，就会平安无事；如果相互间摩擦或碰撞，当发生断裂、脱落时，便可能引发大地震。1906 年的旧金山大地震就是由于圣安德烈斯断层活动造成的，那场地震造成数千人死亡。现在，约有 2 000 万人生活在沿断层一带的地震带中。

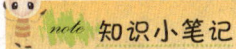

知识小笔记

圣安德烈斯断层长 1 050 千米，伸入地面以下约 16 千米。

▲大规模的运动 ▶▶▶

沿着断层的地壳运动有时达到相当大的规模——裂缝一侧的某条河流的断头与处于裂缝另一侧的这条河流的其余部分竟能偏离 120 米。

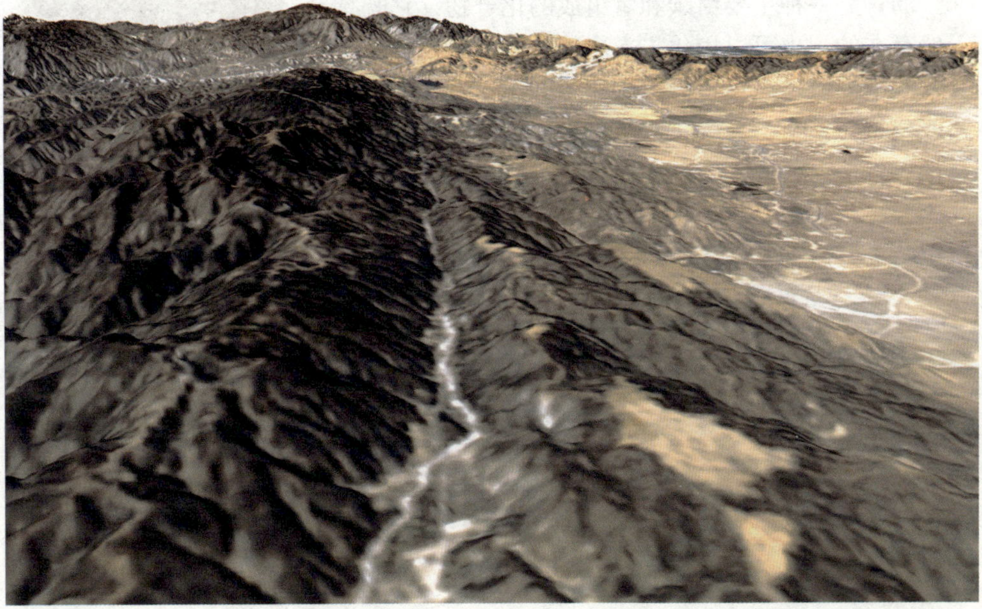

San Andreas Fault

North America

天然油库——沥青湖

No.052

在 加勒比海的东南端，有一个美丽的岛国——特立尼达和多巴哥，这里高山碧水，林木苍翠，更有一个充满神奇色彩的湖泊——彼奇湖，因为湖中并没有多少水，却不断涌出天然沥青而闻名于世，所以又叫沥青湖。

沥青是什么 >>>

沥青是一种主要由碳和氢组成的化合物，它既有天然存在的，也可以用化工方法从石油、煤炭、脂肪等物质中提取。沥青最为人们熟悉的用途就是铺在公路或建筑屋顶上。天然沥青作为一种矿物，广泛分布在世界各地。

↑沥青主要可以分为煤焦沥青、石油沥青和天然沥青三种，这里所说的沥青是天然沥青，天然沥青储藏在地下，有的形成矿层或在地壳表面堆积。

↓沥青湖是世界上最大的沥青产地之一，所出的沥青质量很好，有"乌金"之称。

形成原因 >>>

科学的发展使人们揭开了沥青湖形成的秘密。由于古代地壳变动，岩层断裂，地下石油和天然气涌出与泥沙等物质化合成沥青，在湖床上逐渐堆积硬化，从而形成了今天的天然沥青湖。

↑ 沥青湖的湖面看上去像一系列黑暗灰色的褶皱,褶皱之间的低洼地逢下雨时便成了集水的水塘。

🔺 沥青湖的外貌 》》》

沥青湖黝黑发亮,就像一个巨大精致的黑色漆器盆镶嵌在大地上。湖面沥青平坦干硬,不仅可以行人,还可以骑车。湖中央很软,源源不断的沥青从这里涌出来,偶尔发出扑通声和气体受力外逸时的气泡噗噗声。

🔺 取之不尽,用之不竭 》》》

自 1860 年以来,人们在沥青湖已不停地开采了 100 多年,被运走的沥青多达 9 000 万吨,而湖面并未因此而下降,据一些地质学家说,如果按每天开采 100 吨沥青计算,湖中的沥青再开采 200 年,也不会开采尽。

note 知识小笔记

沥青湖是目前世界上最大的天然沥青产地,面积有 44 万平方千米,最深处达 83 米。

🔺 天然的历史博物馆 》》》

沥青湖还是一个天然的历史博物馆,人们在开采中,曾发现过史前时期动物的骨骼、牙齿的化石,还有古代印第安人使用过的武器和各种用具等。

Pitch Lake

North America

北美洲

黄石的象征——老忠实间歇泉

黄石的象征——老忠实间歇泉

No.053

老忠实间歇泉是世界上最著名的间歇泉，它被人们看作是美国黄石国家公园的象征，由此可见它在人们心目中的地位有多么高。

▲"老忠实"名称的由来

据科学家推测，老忠实间歇泉至少喷发了200 年之久，每一次喷射出大约 4.55 万升水，喷射高度最高可达 45 米，每次喷发时间大约维持在 1.5~5 分钟之间，从不辜负游客的期望，因此获得了"老忠实"的称号。

▲老忠实泉的地质状况

老忠实泉所处的地方地壳比较薄，地下熔岩活动频繁。经过熔岩的加热，地下水的温度上升，一部分水变成蒸汽，这样地下水受到的压力会越来越高，最终热水从地层缝隙中喷发出来，形成壮观的喷泉。

▲ 喷发过程 ▶▶▶

　　作为一个地热喷泉景观，老忠实喷泉吸引了无数游人前来观看。在喷发前，游客会听到泉口发出巨大的响声，然后就是一股白色水蒸气和沸腾的水从泉口喷涌而出，形成一座白色水柱，给参观者留下了终生难忘的记忆。

▲ 光秃秃的地面 ▶▶▶

　　据探测，老忠实喷泉喷出的水温度有上百摄氏度，落下来的水温度也在 80℃以上，没有哪种植物能在这么高温度的水中存活，因此老忠实喷泉周围是一片光秃秃的不毛之地，游客当然也要和它保持距离，以免被烧伤。

> **知识小笔记**
>
> 　　除了老忠实喷泉以外，世界上其他地方也有地热喷泉，而且人们已经能够利用地热来供暖和发电了。

North America

Old Faithful Geyser

天然彩画——牵牛花池

No. 054

黄石国家公园有众多色彩斑斓的热水池，由于池壁、池岸长年累月被泉水冲浸而形成色彩丰富的一幅幅动人的天然彩画，最美丽的一处热泉是牵牛花池。

🔺美丽的牵牛花 ⟫⟫⟫

牵牛花池的池水绿如翡翠，清澈见底，而且周围镶了一圈橙黄色花边，很像一朵盛开的牵牛花，所以人们把它叫做牵牛花池。

🔺形成原因 ⟫⟫⟫

牵牛花池最大的特点是它的颜色随着水温的变化而不同，这是因为灼热的热泉水里含有丰富的硫化氢，因此滋生了各式各样的细菌及藻类，这些藻类各有不同的鲜艳色彩，随着水温的变化而展现出不同的色彩。

🔺七彩泉 ⟩⟩⟩

　　和牵牛花池一样，七彩泉也有缤纷的色彩，它的色彩是由泉周围的细菌及藻类而形成。水越热，藻类颜色越浅，水温在 75℃时，黄色是主色调，随着水温降低，藻类便活跃起来。不但池边地上五颜六色，而且上升的热气也染上了藻类的橙、绿、棕色，随风飘扬，煞是好看。

🔺牵牛花池变化的色彩

🔺变幻的色彩 ⟩⟩⟩

　　当牵牛花池中的水温在 85℃时，白色藻类比较活跃，所以池水白色较多；82℃时为肉红色；74℃时为浅黄色；68℃时为黄绿色，五彩缤纷，靓丽夺目。

note 知识小笔记

　　牵牛花池是黄石公园最美的景观之一，吸引人们目光的不仅是它奇特的形状，更是那不断变幻的缤纷色彩。

🔺白色圆顶间歇泉

🔺白色圆顶间歇泉 ⟩⟩⟩

　　离牵牛花池不远的白色圆顶间歇泉喷发的间隔是 10 ~ 150 分钟，曾有着辉煌的历史，被早期游客喜欢，一度成为象征黄石的"美丽印象"，1900 年曾被选择作为黄石图书馆和博物馆的标志。

Morning Glory Pool

North America

北美洲

美国最深的湖泊——火山口湖

No.055

美国最深的湖泊——火山口湖

火山口湖是美国最深的湖泊，位于美国西北部喀斯喀特山脉南段，轮廓近似圆形，是世界自然奇观之一。火山口湖长 9.5 千米左右，深 589 米，是美洲大陆第二深湖。由于湖水非常清澈，湖泊总是呈深蓝色，水温保持在 13℃以下，已知的湖泊冰冻也只发生过一次。

🔺 形成 ⟫⟫⟫

火山口原是被冰川覆盖的古火山锥马扎马火山，后来火山喷发，山顶崩陷，形成破火山口，在风化和流水侵蚀作用下，火山口逐渐扩大，积水成湖。以后又曾出现多次小喷发，形成若干火山锥，部分出露湖面成为小岛，其中最大的是威扎德岛，高出水面 213 米，顶部留有一火山口。

🔻 火山口湖中心的巫师岛

火山口湖

传说

当地土著人认为直视火山口湖会带来厄运。按照他们的传说，地球之神拔起一座山，把它扔向自己的敌人——地狱之神拉奥。山峰落到了地上，把拉奥永远密封在地底下，但同时也形成了一个巨大的空洞，最终空洞充满水后形成了湖泊。

湖区特点

湖周围被高 150 ～ 600 米的熔岩峭壁环绕，火山岩屑经长期风化后，形状奇特，色彩各异。该湖无出入口，全靠降水补给，湖面变动很小，湖水清澈。

知识小笔记

火山口湖直径 10 千米，面积 54 平方千米，湖面海拔 1882 米，最大深度 589 米。

优美风景

火山口湖湖畔生长着各种温带、亚寒带植物，松、杉林茂密，夏季野花盛开，空气清新，环境幽美。冬季，积雪装点着群山和林木，一片琼雕玉琢，环绕着绿色的湖水，呈现出一番迷人的景色。1902年美国政府在此建立了国家公园。

巫师岛

现在一座名为维扎特岛的新火山锥开始在湖中形成。一堆熔岩碎屑被称作"巫师岛"，它就像一块黑色的宝石镶嵌在绿色的湖面上。

Crater Lake

North America

马蹄形瀑布——尼亚加拉瀑布

No.056

举 世闻名的尼亚加拉瀑布位于加拿大和美国交界的尼亚加拉河上，它以其宏伟磅礴的气势、丰沛浩瀚的水量而著称，是世界上七大奇景之一，更是北美最壮丽的自然景观。

🔺概述 ▶▶▶

尼亚加拉瀑布被山羊岛和鲁纳岛分成了三段，分别叫做马蹄瀑布，即加拿大瀑布、美国瀑布和婚纱瀑布，这三条瀑布宽达 1 160 米。

大部分尼亚加拉河水从马蹄瀑布冲下，瀑布下岩体受水流的侵蚀，在不断地后退。

note **知识小笔记**

尼亚加拉瀑布的三条瀑布流面宽达 1 160 米，落差 51 米。

🔺马蹄瀑布 ≫

马蹄瀑布由于水量大，溅起的浪花和水气有时高达 100 多米。当冬天来临时，瀑布表面会结一层薄冰，此时的瀑布便会寂静下来。阳光灿烂时，这里会出现一座甚至好几座彩虹，见过大瀑布彩虹的人很久都不会忘记它的魅力。

🔺马蹄瀑布形状有如马蹄，在加拿大境内，高达 56 米。

🔺美国瀑布 ≫

美国瀑布更让人着迷的是激流冲击瀑布下岩石的情景。瀑布下的岩石层层叠积，犬牙交错，高高的激流冲下来，冲进岩石的缝隙，又纷纷从各条缝隙中窜涌出来，复跌到下层的岩石里去，再从更下层的岩石间喷发而出，纵身一跃，融进滚滚东去的涌流。

🔺美国瀑布在美国纽约州境内，高达 50 米。

🔺婚纱瀑布 ≫

紧挨"美国瀑布"的"婚纱瀑布"则极为宽广细致。它的水流呈旋涡状落下，潺潺的流水、银花飞溅的迷人景色同旁边蔚为壮观的瀑布相比，别有一番风韵。婚纱瀑布就像一片月光，柔和地撒在绝壁之上，令游客陶醉。

Niagara Falls

North America

天然石拱——彩虹桥

No.057

北美洲

天然石拱——彩虹桥

彩 虹桥不仅是世界上已知的最大天然桥，而且也是具有最完美形态和色彩的自然界杰作之一。它壮丽地横跨在美国犹他州红岩沙漠区的科罗拉多河上。居住在该区的纳瓦霍人认为彩虹是宇宙的卫士，所以把该桥视为圣地。

🔺桥的外貌

彩虹桥的顶部是一段几乎完整的 1/4 圆弧，它从山峡一侧峭壁边缘向上伸展，在另一侧逐渐向下弯到峡谷底部，桥身内侧平滑弯曲，好像 把茶杯柄。

note 知识小笔记

彩虹桥长 94 米，跨越 85 米宽的峡谷，桥顶宽 10 米。

🔺惊人的高度

优美、雅致的彩虹桥从底部到顶部有 88 米，其高度足以容下美国华盛顿特区的国会大厦，或者差不多有 3 个伦敦特拉法尔加广场上纳尔孙圆柱的高度。

🔺名称的由来 >>>

彩虹桥是大自然鬼斧神工的杰作，它的形状像桥，而且具有粉红、淡紫的奇异色彩，尤其到太阳落山时又变成了红色和褐色，所以居住在该区的纳瓦霍人把它叫做"彩虹桥"。他们相信这是一条变成了石头的彩虹。

🔺开发旅游 >>>

1963 年以前，人们只能沿一条 20 千米长的不平坡道走到该桥。后来格伦峡水坝建成，它将科罗拉多河的水位抬高并将通往该河的 91 处峡谷用水灌满。于是，现在的人们可以乘船直抵距离该大桥数米处的地方。

Rainbow Bridge

North America

植物界的巨人——巨杉

No.058

树木不仅以庞大的种群组成了地球上浩瀚的森林，而且以巨大的身躯为人类提供了栋梁之材和舟楫之便。其中，大名鼎鼎的便是美国加利福尼亚的巨杉。

🔺植物界的巨人 ▷▷▷

巨杉是植物界的巨人，属于杉科，是常绿大乔木。巨杉的学名叫"世界爷"，它的树干粗大通直，高耸入云。树干下部没有枝杈，只在上端才伸出侧枝，上面生着鳞状钻形的短叶，辐射伸展，常绿不凋。

note **知识小笔记**

"谢尔曼将军"树高83米，胸径31米，大约需要20个人才可以合抱住。

◆7000万年以前，巨杉广泛分布于北半球，后来经过第四季冰川的活动，它们在地球上渐渐消失了。100多年前，人们在美国加利福尼亚州的内华达山脉西坡，发现了一些残存的巨杉。

"谢尔曼将军"

🔺 发现和命名 》》》

100 多年前，人们在北美发现了这种巨树，因它的枝叶奇特，所以被称为"猛犸树"或"加利福尼亚松"。1859 年英国人将它命名为"威灵顿巨树"，而美国人却把它命名为"华盛顿巨树"，后来经过植物学家的研究，才将它正式定名为巨杉。

🔺 谢尔曼将军 》》》

目前，世界公认的最大的巨杉是一株被尊称为"谢尔曼将军"的巨树，树龄 3 500 多岁，重量相当于 450 多头非洲象或者 15 头蓝鲸，可以说是生物世界中绝对的冠军。

🔺 万木之王 》》》

据估计，用"谢尔曼将军"树可以制作出 55 753 平方米板材。如果用它们钉一个大木箱的话，足可以装进一艘万吨级的远洋轮船。目前，这株"万木之王"受到了美国政府的特别保护，傲然挺立在内华达山脉西侧的红杉国家公园中。

红杉的树皮很厚，有很强的抗病虫害和防火能力，使它们长盛不衰，活力常在。

🔺 红杉 》》》

巨杉有个近亲，叫北美红杉，是世界上最高的树。它们生长在美国加利福尼亚州中部的一小段海岸以及俄勒冈州中部。

红杉不但生长快，而且树龄极长。最高的一棵红杉树生长在加利福尼亚州西北角的红杉国家公园里，高度达 112 米，跟伦敦的圣保罗大教堂一般高。

North America

Giant Red Wood

美国的象征——科罗拉多大峡谷

No.059

美国科罗拉多大峡谷是世界上最大的峡谷之一。大峡谷的岩石是一幅地质画卷，反映了不同的地质时期。它在阳光的照耀下还会变幻着不同的颜色，魔幻般的色彩吸引了全世界无数旅游者的目光。许多到过此地的人为之感叹：只有闻名遐迩的科罗拉多大峡谷才是美国真正的象征。

🔺地理位置 》》》

　　科罗拉多大峡谷位于美国西部亚利桑那州西北部的凯巴布高原上，大致呈东西走向，由于科罗拉多河穿流其中，故名科罗拉多大峡谷。

🔻科罗拉多大峡谷的形状极不规则，大致呈东西走向，蜿蜒曲折，像一条桀骜不驯的巨蟒，匍匐于凯巴布高原之上。

⛰️峡谷的成因 ▶▶▶

亿万年前，这里也同喜马拉雅山一样，曾是一片汪洋大海，造山运动使它崛起。然而由于石质松软，经过数百万年湍急的科罗拉多河的冲刷，两岸岩壁被摩擦切割成今天世界著名的大峡谷。

⛰️科罗拉多河 ▶▶▶

↑科罗拉多大峡谷是科罗拉多河的杰作

科罗拉多河发源于科罗拉多州的落基山，洪流奔泻，经犹他州、亚利桑那州，由加利福尼亚州的加利福尼亚湾入海，全长 2 320 千米。"科罗拉多"在西班牙语中意为"红河"，这是由于河中夹带大量泥沙，河水常显红色的缘故。

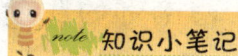

🐝 note 知识小笔记

科罗拉多大峡谷全长 446 千米，平均宽度 16 千米，最大深度 1 740 米，平均谷深 1 600 米，总面积 2 724 平方千米。

⛰️奇异的色彩 ▶▶▶

这里的土壤虽然大都是褐色，但当它沐浴在阳光中时，却又扑朔迷离，变幻无穷，时而是紫色，时而是深蓝色，时而是棕色，时而又是赤色，全依太阳光线的强弱而定。此时的大峡谷宛若仙境，七彩缤纷，苍茫迷幻，迷人的景色令人流连忘返。

↓科罗拉多大峡谷的色彩与结构，特别是那气势磅礴的魅力，是任何雕塑家和画家都无法模拟的。

美洲尼罗河——科罗拉多河

No. 060

科罗拉多河像一匹烈马，不舍昼夜地向前奔流，有时开山劈道，有时让路回流，造就了科罗拉多大峡谷这样的世界奇观。科罗拉多河流经北美洲辽阔的干旱和半干旱地区，有"西南部的生命线"之称。

▲概述 ▷▷▷

科罗拉多河发源于美国科罗拉多州中北部，南落基山脉中的弗兰特岭西坡，向西南流经犹他、亚利桑那、内华达、加利福尼亚等州和墨西哥西北端，注入加利福尼亚湾，有支流 50 多条，以降水补给为主，也有部分为冰雪融水。

note 知识小笔记

科罗拉多河全长 2 333 千米，其中 145 千米在墨西哥境内。

▲ 科罗拉多河是北美洲的主要河流之一

▲水利工程 >>>

20 世纪 30 年代以来，在科罗拉多河已先后兴建起胡佛、戴维斯、帕克、格伦峡谷等大坝和水库以及科罗拉多河—大汤姆孙河等跨流域调水工程，通过综合治理，基本控制住了洪水的泥沙。

▲ 流经内华达州拉夫林镇的科罗拉多河

▲巨大的含沙量 >>>

科罗拉多含沙量很高，河水混浊，呈暗褐色，"科罗拉多"西班牙语中即"红色的"之意。每年泥沙入海量 1.63 亿吨，河口不断向前推进，现在的河口比古代河口推进了将近 100 千米。

▲ 科罗拉多河在亚利桑那州佩奇镇蜿蜒流转成一个马蹄湾

Colorado River

North America

天雕玉柱——魔鬼塔

No.061

美 国西部怀俄明州东北部，临贝尔富什河附近草木葱茏的丘陵上矗立着一座巨型圆柱体岩石，这就是著名的美国国家名胜——魔鬼塔。魔鬼塔从一片平地中拔起，气势相当惊人，也因此被电影《第三类接触》描绘成外星人的基地。

🔺 庞然大物 ⟫⟫

魔鬼塔耸立在黑山松林附近的怀俄明州波状平原上，塔基周围林木葱郁。它是方圆数十千米范围内的最高点，在晴朗的天气里，人们能从 160 千米以外看到它。整座塔由赭黄色岩石构成，但其颜色会随着天气和观察方位的不同而变幻。

⬆ 奇异的外形使魔鬼塔被印第安人冠以"魔鬼塔"的名字

🔺 形成原因 ⟫⟫

魔鬼塔大约形成于 5 000 万年前，科学家推测魔鬼塔本身应该就是旧有的火山核心。柱状玄武岩是火山熔岩未经爆发、从地底流出后逐渐冷却并龟裂成五角或六角形的柱状节理，所以其线条清晰可见。

▲冒险者挑战的目标 ▸▸▸

魔鬼塔上有数百道平行的裂缝，把整座岩石分割成六角形柱，所以，魔鬼塔是北美地区最佳的裂隙攀岩处所之一。

▲传说 ▸▸▸

在印第安传说中，魔鬼塔是"熊的居所"，美国印第安的许多部族中都流传着和魔鬼塔相关的神话。流传最广的是两名女孩在这有很多熊的地点玩耍时，被熊设定为猎捕的目标，女孩们拼命逃跑，爬到一块岩石上，向神祈祷，神为救两女孩，命令石头长高，直到熊抓不到女孩为止。

◂ 100 多年前，魔鬼塔已经是冒险者挑战的目标了。从有记录的 1939 年至今，共有 5 万多人申请攀登魔鬼塔，其中只有不到 100 人成功，并且还有不幸坠落死亡的事件。

note 知识小笔记

魔鬼塔高出贝尔富什河 396 米，但从基座算起高度为 264 米，塔基直径 305 米，自下而上逐渐收缩，顶端直径 84 米。

North America

Devils Tower

大自然雕塑的杰作——阿切斯岩拱

阿切斯岩拱位于美国犹他州的沙漠中，这些石拱高耸在光秃秃的砂岩上，在阳光的照耀下发出铁锈色的光辉，吸引着游者兴奋的目光，正是这无数的石拱和上千座石柱，为美国犹他州荒原增添了缤纷的色彩。但或许不久以后，这里的一些奇观将不复存在。

岩拱的形成 ▶▶▶

几亿年前，这里曾是海洋，后来大部分海水撤离，留下的部分海水便蒸发成厚厚的盐层，随后，从山上冲下来的砂石与盐层混合，堆积成盐丘。再经过风霜雨雪和河流的不断侵蚀，这些"盐"石内部终于剥落崩塌，缺口慢慢变大，形成石拱。

岩拱高耸在光秃秃、平滑的砂岩上，这些砂岩在阳光的照射下散发出耀眼的红色。

纤拱 >>>

纤拱是比较著名的风景，它是世界最大的岩拱之一。纤拱飞跨 100 米，高三四十米，顶部只有几尺厚了，随时都可能坍塌，所以说，纤拱已经进入了它生命中的暮年。

火壁炉拱 >>>

火壁炉拱是一群朱红色的石墩，高低错落，据说在下午的阳光下，石头通体通红，就好像点燃的壁炉。

气候状况 >>>

阿切斯岩拱地区的夏天十分炎热，白天温度通常在 38℃ 以上，到了冬天，却寒风刺骨。春天，有沙尘暴；秋天，早早地就会下起大雪。荒芜、干燥是这里的代名词。

冬天的阿切斯岩拱

知识小笔记

阿切斯岩拱有 2 000 多个石拱，美国作家爱德华·阿比曾说："这里是地球上最美丽的地方。"

岩拱的一生 >>>

从风霜雨雪在山体上造成小坑洼开始，透穿成洞，扩大，最后崩落，化为尘土。这，就是岩拱的一生。我们现在看到的许多岩拱，应该是它生命中最绚丽的瞬间。

Delicate Arch

North America

不断扩大的海湾——冰川湾

冰川湾位于美国阿拉斯加州和加拿大交界处，这里的冰川千奇百怪，有尖如玉笋的冰柱、俨然刀削剑劈的巨大冰崖，还有嶙峋突兀的无数小冰峰。它们的色泽多变，有些如珍珠般洁白，有些像薄荷雪糕的翠绿，也有些似电光般蓝紫，不过，最摄人心魄的，还是亲睹巨大的冰块轰然塌倒水中，激起浪花四溅的磅礴气势了。

🔺航海家的发现 ≫

1794 年，英国航海家温哥华乘"发现"号来到艾西海峡时，看到的只是一条巨大的冰川的尽头———堵 16 千米长、100 米高的冰墙。但是 85 年后美国博物学家缪尔来到此地，发现这里已成为广阔的海湾。

🔺年轻的冰川湾 ≫

两个世纪以前，冰川湾曾经是大西洋冰川，在 200 年的时间里，它以前所未有的冰河融化速度消失了近 95 千米，冰川的消融产生了 20 多个分离的小冰山，其中多数是潮汐冰山。

▲冰融胜景 ＞＞＞

夏季，融化的雪水在冰川底部咆哮，冲蚀出洞穴和沟渠，最终，不断融化的冰川薄得无法支撑时，便轰的一声塌下来。一到夏日，冰川湾内部就回荡着冰块断裂崩落的声音。在最近的几个世纪里，冬季的降雪量不及夏季的冰雪消融量，于是冰川以每年400米的速度后退。

note 知识小笔记

　　每逢夏季，冰川湾都会成为海豹哺育幼崽的理想场所，此时这里会聚集4000多只海豹。

↑冰雪融化时的冰川湾

▲后退的冰川湾 ＞＞＞

不断后退的冰川湾的森林为熊、狼、山羊和其他陆地野生动物提供了栖息地和迁徙通道。河流的入海口则是迁移水鸟们理想的栖息地。

▲冰川湾生物 ＞＞＞

在冰川湾区内生活着各种各样的动物，如棕熊、黑熊、山地羊、座头鲸、海豹和鹰等。座头鲸跳跃是冰川湾的一大奇观，重达30吨的硕大身躯几乎可以完全跃出海面。鲸在海洋发生风暴之时常用力跳出海面，并发出比平时更洪亮的声音。

Glacier Bay

North America

绿草如茵的水域——大沼泽地

No.064

大沼泽地位于美国佛罗里达州的南端，它是一个由石灰岩构成的盆地，盆地覆盖着厚厚的水草。印第安人称这里为"帕里奥基"，意思是"绿草如茵的水域"。这里的环境为无数的鸟类和爬行动物以及海牛一类的濒危动物提供了很好的避难场所。

🔺概述

大沼泽的中央是一条浅水河，河上有无数低洼小岛，星罗棋布。这条河发源自奥基乔比湖，湖水深不及膝，但面积却有 1 965 平方千米。每年 6 ~ 10 月雨季高峰时，湖水会溢出堰堤，注入河中。

🔺湿地植被

生长在大沼泽地的植物种类繁多，约有 1 000 余种植物，包括 25 种兰花、120 种树木，如棕榈树、红树林、红橡树和白蜡树等。

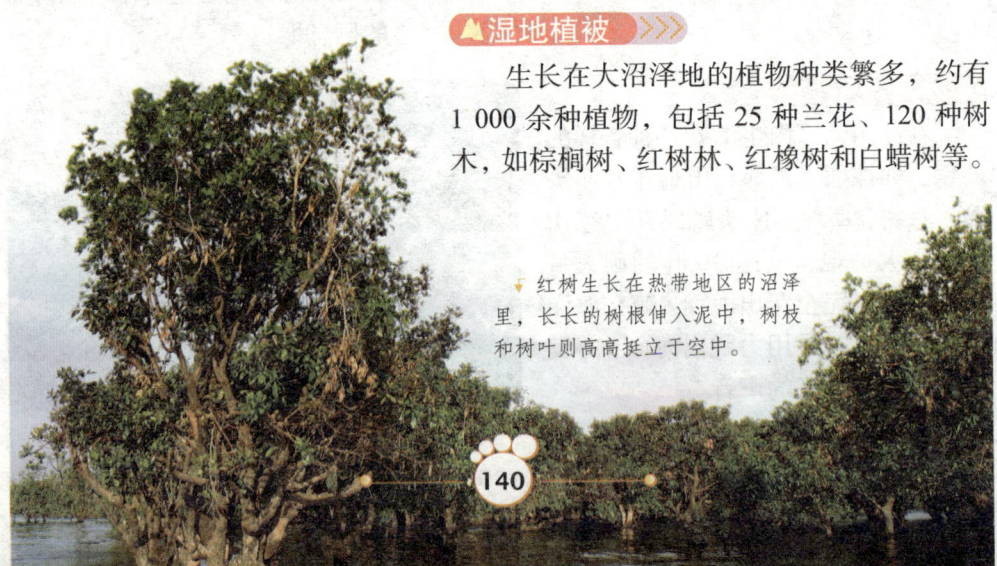

红树生长在热带地区的沼泽里，长长的树根伸入泥中，树枝和树叶则高高挺立于空中。

↑ 大多数鳄鱼都生活在热带亚热带地区的河流、湖泊和多水的沼泽里。

🔺 动物避难所 ▶▶▶

这里是世界上最大的亚热带野生动物保护区。有 320 种以上的鸟类在这里生活，包括红鹭、南方秃鹰、鹈鹕、苍鹭和白鹭等。沿海水域有 150 余种鱼类，还有 12 种海龟以及佛罗里达海牛和短吻鳄。

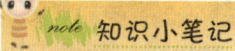

note 知识小笔记

整个大沼泽长约 160 千米，宽约 80 千米，面积约 5 670 平方千米。

🔺 补给水源 ▶▶▶

大沼泽地的补给水源是北美除五大湖外的最大湖泊——奥基乔比湖。当奥基乔比河向东南缓缓流淌时，大海与之会合，咸水与淡水在此交融。

▼ 奥基乔比湖是美国境内仅次于密歇根湖的第二大淡水湖

绚丽的化石木块——石化林

No.065

石化林位于美国亚利桑那州北部阿达马那镇四周，这里是世界上最大、最绚丽的化石林集中地。遍布五彩斑斓、如同镶金叠玉的石化树木，年轮清晰、纹理明显，宛如碧玉玛瑙夹杂着片片碎琼乱玉，在阳光之下熠熠发光，使人眼花缭乱，叹为观止。

🔺 概述 ▷▷▷

数以千计的树干化石倒卧在地面上，直径平均在 1 米左右，长度在 15 - 25 米之间，最长达 40 米。石化林分 6 片林区，最漂亮的是"彩虹森林"，还有"碧玉森林""水晶森林""玛瑙森林""黑森林"和"蓝森林"。

note **知识小笔记**

石化林占地面积 381 平方千米。此地的居民还曾用石化树做成房屋和桥梁。

142

▲ 形成原因 ▶▶▶

　　它们原是史前林木，约在 1.5 亿年前的三叠纪年代，由于洪水冲刷裹带，逐渐被泥土、沙石和火山灰所掩盖，几经地质变迁，沧海桑田，陆地上升，使这些埋藏地下的树干重见天日；可是其木质细胞经历矿物填充和改替的过程，又被溶于水中的铁、锰氧化物染上黄、红、紫、黑和淡灰诸色，这就成了今天五彩斑斓、镶金叠玉的石化树。

↑ 色彩绚丽的石化树段

▲ 印第安人遗迹 ▶▶▶

　　早在 6 ～ 15 世纪，已有印第安人在石化林地区从事农业生产，今天的人们在这片地区发现了陶瓷碎片。现在，还有几处印第安人废墟和经过重建的印第安人村落供游人参观。

▲ 受到保护 ▶▶▶

　　无论游客如何喜爱那些琳琅满目的可爱岩片，采撷一两片带回家去却是绝对不允许的。据说，在最早一批探险家发现石化林之前，岩石晶体的颜色非常丰富。后来，随着人们纷至沓来，将晶体开采后运出园外，当时像半透明的紫水晶色、烟白色、柠檬黄色的晶体现在已经见不到了。

↑ 受到保护的化石树

Petrified Forest

North America

巨石公园——国会礁

№.066

国会礁位于美国西部犹他州的荒野之中。早期的摩门教拓荒者来到此地垦荒，看到这儿有着庞大令人生畏的红岩峭壁，宛如海洋礁脉浮现，形成一道天然障壁。红岩峭壁上方覆盖有如穹顶般的白色岩层，令人联想到美国的国会大厦，"国会礁"因而得名。

"活的地质教室"

国会礁由多种色彩的岩层组合而成奇美的景观，实际上，它是科罗拉多高原岩层皱褶的突出部分，长达上百千米。这里不仅拥有丰富的考古学、历史学及荒漠地带生态学的研究价值，同时也是一处不折不扣的"活的地质教室"。

国会礁的形成

6 500 万年前，当时科罗拉多高原正在逐渐抬高，与其相连的其余部分相对下沉，造成岩层的大规模扭曲。但是，大块的岩石层没有在皱褶的部分断裂开来，而是自然地垂在皱褶上。今天看来，岩层的皱褶就像一个大型的岩石阶。

🔺水穴褶曲 ▶▶▶

这里最醒目的大地景观为南北纵横 160 千米的"水穴褶曲"。这块地域原本是海底的一部分，它们跟随科罗拉多高原一起经过几千万年从海底拱出水面，升到高原后就行成了这种波浪形的皱褶。

知识小笔记

国会礁国家公园呈狭长形，南北长约 96 千米，东西最宽处仅 16 千米，占地 979 平方千米。

➡千百万年来，犹他州的荒野上呼啸而过的狂风对岩层的皱褶进行了无情的侵蚀，渐渐形成了平行的山脊。

🔺"水壶" ▶▶▶

国会礁的有些皱褶岩石的表面非常平滑，因而表面上的坑穴可以积聚雨水，人们称之为"水壶"。积水的侵蚀使"水壶"不断扩大，渐渐地它成为一些生物的家园，在壶穴积满水的数星期内，生物就会迅速繁殖起来。

Capitol Reef

North America

No.067 世界最长的洞穴——猛犸洞穴

猛犸洞穴是世界上最长的溶洞群。洞穴、山洞、岩洞和廊道组成这个宽阔的地下综合体，林立的石笋和多姿的石钟乳遍布洞中，景象十分壮观，洞中还有地下暗河通过。这里还有各种各样的动植物，其中包括许多濒临灭绝的物种。但整个洞穴只有部分对游客开放。

地理位置 »»»

猛犸洞位于美国肯塔基州中部的山区，猛犸洞以古时候长毛巨象猛犸命名，如今该动物已绝种，猛犸洞穴与猛犸没有什么关系，在这借用此名来形容洞穴庞大，这个"巨无霸"洞穴截至 2006 年，已探出的长度近 600 千米，究竟有多长，至今仍在探索中。

洞内景观 »»»

猛犸洞由 255 座溶洞分五层组成，上下左右相互连通，洞中还有洞，宛如一个巨大而又曲折幽深的地下迷宫。在这些洞中有 77 个地下大厅，3 条暗河、7 道瀑布、多处地湖，总延伸长度近 250 千米。猛犸洞以溶洞之多、之奇、之大称雄世界。

◂ 猛犸洞穴入口

知识小笔记

猛犸洞穴已探出的长度近 600 千米，有将近 250 千米对游客开放。

猛犸洞穴形成于 1 亿年前。地表和地下充沛的水源与地质史上沉积的石灰岩共同创造出这个被称作"万洞之地"的地下洞穴网。

▲ 猛犸洞穴中千奇百怪的钟乳石造型

地下大厅

77 座地下大厅中最高的一座称为"酋长殿"，它略呈椭圆形，厅内可容纳数千人。有一座"星辰大厅"很富诗意，它的顶棚由含锰的黑色氧化物形成，上面点缀着许多雪白的石膏结晶，从下面看上去，仿佛是星光闪烁的天穹。

◂ 猛犸洞内的梯子

洞中生物

洞穴已发现生活着 200 种以上的动物，其中 1/3 的动物一直与世隔绝，仅靠河水的养分生存。珍稀的动物如盲鱼、无色蜘蛛等。除此之外洞穴中还生长着 67 种藻类、27 种菌类和 7 种苔藓类植物。

⌃ 猛犸洞穴中生活的盲鱼

Mammoth Cave

North America

北美最高峰——麦金利山

麦金利山地区拥有变幻莫测的高山风、典型的北极植被以及野生动植物。这里大部分地区终年积雪，山间浓雾不断。夏季，紫色的杜鹃和精巧的铃状石南花随处可见。绿色的森林、雪白的山峰、广阔的冰川，在阳光下相互辉映，风光十分优美。麦金利山还是世界登山爱好者的会集之地。

🔺 地理概况 ▷▷▷

　　麦金利山位于美国阿拉斯加州的中南部，是阿拉斯加山脉的中段山峰。麦金利山山势陡立，2/3 的山体终年积雪，有南北二峰，雪线高度为 1830 米。南坡降水量较多，冰川规模较大，有卡希尔特纳和鲁斯等主要冰川。

▽ 夏季，麦金利山的山坡上郁郁葱葱。

note 知识小笔记

　　麦金利山海拔 6 193 米，为北美洲的第一高峰。

野生动物保护区

麦金利山也是野生动物的保护区，这里常见的动物有驯鹿、灰熊和麋鹿等。每年 6 月底到 7 月初，是驯鹿迁移的季节，成百上千的驯鹿结队而行，朝一个方向行进，十分壮观。冬天过后，它们又沿原路返回。

↑ 北美驯鹿

↑ 攀登者挑战麦金利山

向麦金利山挑战

麦金利山作为北美洲的第一高峰，吸引了世界各地的旅游者和登山者。由于这里的天气变化无常，攀登十分困难，天气突变以及雪崩每年都会造成登山者遇难的悲剧，但这从来没有阻止勇敢的人们以自己的体魄和智慧向麦金利山挑战的决心。

↓ 湖光山色，景色宜人

山地植被

麦金利山区由于受到温暖的太平洋暖流影响，气候比较温和，到夏季时也是青绿一片，海拔 762 米以下是森林，以杉树、桦树林为主。

● 杉树

Mount McKinley

North America

No. 069

美国的"兵马俑"——布赖斯峡谷

从 美国布赖斯峡谷高原上眺望，千千万万根石柱组成的石柱阵，气势磅礴，气派非凡，它令人想起中国的秦始皇兵马俑。兵马俑呈现的是人类力量的伟大；布赖斯峡谷石柱阵所显现的却是大自然的无比威力。

🔺地理位置 >>>

布赖斯峡谷位于美国犹他州南部、科罗拉多河北岸，它像一个天然的罗马竞技场。当地的派尤特人说该区"直立的红色岩石就像站在一碗形峡谷中的人群"。

note 知识小笔记

布赖斯峡谷的岩石受风霜雨雪的侵蚀，最深处达 2 400 米。1928 年辟为公园。

🔺形成 ▶▶▶

约 6 000 万以前，该地区淹没在水里，有一层由淤泥、沙砾和石灰组成的 600 米厚的沉积物。后来地壳运动使地面抬升，水逐渐退去，庞大的岩床在上升过程中裂成块状。岩层经风化后被刻蚀得奇形怪状。岩石所含的金属成分则给一座座岩塔添上了奇异的色彩。

🔺色彩斑斓的峡谷 ▶▶▶

峡谷内的岩石呈红、淡红、黄、淡黄等 60 多种色度不同的颜色，加上光彩变幻，使岩石的色泽流光溢彩，夺人眼目。冬季的布赖斯峡谷更是别具一格，红石、白雪、蓝天、翠柏，色彩斑斓，风姿楚楚。

🔺石柱 ▶▶▶

石柱咋看整整齐齐，仔细看，有的石柱像佛像，有的则像戴着官帽的大臣，有的独自一个，有的几个几十个连在一起，像国际象棋的棋子密密麻麻地排着。人们不能不惊叹大自然的神奇伟大。

🔻 壮观的石柱群

151

Bryce Canyon

North America

北美洲

自然力的杰作——波浪谷

No.070

自然力的杰作——波浪谷

"**这**是一个神奇而不可思议的地方,这是一个即使告诉你地理位置你还是会迷失方向的地方。"这就是位于美国亚利桑那州的波浪谷,因为到处是红色岩石,每一处都很相像,因此在这里非常容易迷路。身处谷中,如同站在巨大的红色旋涡里,甚至有种一切在流动的错觉。

🏔 地理位置 ▶▶▶

波浪谷是位于美国亚利桑那州北部朱红悬崖的帕利亚峡谷,其砂岩上的纹路像波浪一样,所以这片地方叫做波浪谷,是一个由五彩缤纷的奇石组成的风景区。

🔸 波浪谷于20世纪80年代被几位美国摄影师无意中发现,他们拍摄的作品也在各种摄影比赛中获奖。

🔺酝酿

　　波浪谷展示的是由数百万年的风、水和时间雕琢砂岩而成的奇妙世界。波浪谷岩石的复杂层面是由 1.5 亿年前侏罗纪就开始沉积的巨大沙丘组成的。在那个时候，这里的地貌好像撒哈拉沙漠一样，沙丘不断地被一层层浸渍了地下水的红沙所覆盖，天长日久，水中的矿物质把沙凝结成了砂岩，形成了层叠状的结构。

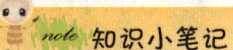

◄置身于波浪谷中，即使告诉你地理位置，你还会迷失方向。

知识小笔记

　　为了保护波浪谷这一自然奇观，每天前往参观的人仅限 20 名。

🔺形成

　　这种古老的沙丘最后形成了被地理学家称为"纳瓦霍沙岩"的地貌。后来，随着科罗拉多平原的上升，加上漫长的风蚀、水蚀，峡谷里砂岩的层次逐渐清晰地呈现出来。平滑的、雕塑感的砂岩和岩石上流畅的纹路创造了一种令人目眩的三维立体效果。

↑层次清晰的波浪谷的岩石纹路

🔺岩石的纹路

　　纤细的岩石纹路清楚地展示了沙丘沉积的运动过程。纹路的变化反映出每一层砂岩随着沉积矿物质的含量不同而产生的颜色深浅差异。红色主要是由铁和锰的氧化而产生，这些颜色不是一成不变的，往往在交错处和角落里形成更加复杂与抽象的图案。

Wave Rock

North America

美洲"火焰山"——死亡谷

No.071

美 国内华达州与加利福尼亚州相连处的死亡谷中到处是悬崖绝壁，地势十分险恶，这里也是北美洲最炽热、最干燥的地区。在非常遥远的古代经历了多次沧海桑田的变化，才演变成今天奇特的面貌。

▲形成 ⟫⟫⟫

死亡谷形成于 300 万年前，由于地球重力将地壳压碎成巨大的岩块，部分岩块凸起成山，部分倾斜成谷。直至冰河时代，排山倒海的湖水灌入较低地势，淹没整个盆底，再经过几百万年太阳的酷晒，这个太古世纪遗留下来的大盐湖终于干涸而尽。如今展露在大自然下的死亡谷只是一层层泥浆与岩盐层的堆积。

▲气候特点 ⟫⟫⟫

死亡谷处于北美大陆的最低点，西侧的内华达山脉阻挡了大西洋吹来的水汽，因此死亡谷终年干燥。炎热的夏季里，空气湿度可达到零，也就是说，你感到非常热，身上却不会见一点汗。

死亡谷的荒地

人类的地狱

据说，1949 年，美国有一支寻找金矿的勘探队伍因迷失方向而涉足其间，几乎全军覆灭，几个侥幸脱险者不久后也神秘地死去。此后，有些前去探险的人员，也屡屡葬身谷中，至今仍然未能查出死亡的原因。

知识小笔记

死亡谷长 225 千米，宽 6 ～ 26 千米，拥有"死人山口""干骨谷"和"葬礼山"等不吉祥的别称。

动物的天堂

这个地狱般的死亡谷竟是飞禽走兽的天堂。这里生存着 200 多种鸟类，19 种蛇类，17 种蜥蜴，还有 1 500 多头野驴在那里悠然自得，逍遥自在。至今，谁也弄不清此谷为何独对人类这么凶残，而对动物却如此仁慈。

Death Valley

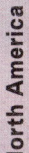

North America

魔鬼三角——百慕大群岛

No.072

百慕大群岛位于大西洋的西部，距北美大陆约930千米，由7个主岛，150个小岛和许多岩礁组成，总面积约53平方千米。1515年西班牙航海家胡安·德·百慕德斯乘船从这里经过时发现了它们，于是便取名为百慕大群岛。

🌋 火山岛 ›››

百慕大群岛是从海底突然"冒"出来的。在距今几百万年以前，在这片海区的海底，曾经发生过一次剧烈的火山喷发。炽热的熔岩流从地幔通过一个个火山口冒出来，结果形成了许多圆锥状的小山。这些小山越"长"越高，最终冒出了海平面，形成了大大小小的岛屿，在这些星罗棋布的岛屿中，大约只有20个岛屿有人居住。

◄ 百慕大群岛
中的一个港口

🐝 note 知识小笔记

虽然"百慕大三角"是传说中的恐怖海域，但它的海底世界同样生机勃勃，其中不少还是百慕大独有的新物种。

▲赏花路

百慕大群岛气候温暖湿润，植物四季常绿，由百合花、夹竹桃、一品红、木槿和牵牛花组成的 5 条"赏花路"，岛上空气非常清新。

● 湿润、耐寒的植物木槿　● 喜欢温暖湿润的百合花

▲翱翔中的百慕大海燕

▲百慕大海燕

由于群岛面积小，又远远孤立于大洋之中，这里海鸟很多，其中有一种叫百慕大海燕，是一种十分珍奇的鸟类，在绝迹 300 多年之后，于 1951 年人们才重新发现了它。

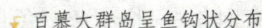

▲百慕大群岛呈鱼钩状分布

▲"魔鬼三角"

百慕大群岛水下岩石密布，暗礁丛生，洋面上暖流浩荡，旋涡连连，天空风云变幻，风暴肆虐，常常掀起倒海巨浪。由于气象变化复杂，地形险恶，百慕大海域屡屡有船只和飞机遇难的事件发生，因此百慕大海域被人们称为"魔鬼三角"。

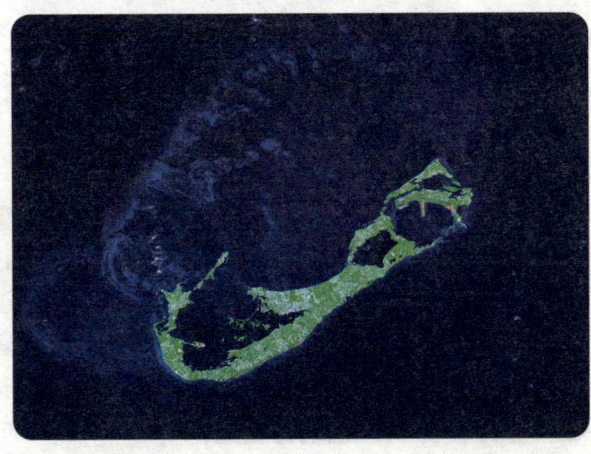

Bermuda Islands

North America

北美洲

神奇美丽的光——极光

神奇美丽的光——极光

No.073

极光是一种发生在地球极地罕见的自然现象。阵阵五颜六色的极光，像突然升起的节日烟火，一下照亮了半边天，赤、橙、黄、绿、青、蓝、紫各色相间，色彩分明，由初升到消失，其间变幻神奇莫测，五颜六色，缤纷绮丽。

▲ 五彩缤纷的极光 ▶▶▶

极光有时出现时间极短，犹如节日的焰火在空中闪现一下就消失得无影无踪；有时却可以在苍穹之中辉映几个小时；有时像一条彩带，有时像一团火焰，有时像一张五光十色的巨大银幕；有的异常光亮、掩去星月的光辉；有的又十分清淡，恍若一束青丝……

→极光多种多样，五彩缤纷，形状不一，绮丽无比，在自然界中还没有哪种现象能与之媲美。

▲ 人们对极光的猜测 ▶▶▶

许多世纪以来，极光一直是人们猜测和探索的天象之谜。从前，因纽特人以为那是鬼神引导死者灵魂上天堂的火炬。13世纪时，人们则认为那是格陵兰冰原反射的光。到了17世纪，人们才称它为北极光——北极曙光。

🔺极光是怎么产生的 ▸▸▸

太阳风喷射出的带电粒子会以极大的速度撞击地球磁场，由于两极地区的磁场比较强，当带电粒子进入两极地区，这里的高层大气受到太阳风的轰击后会发出光芒，形成极光。在南极地区形成的叫南极光，在北极地区形成的叫北极光。

🔺极光对地球的影响 ▸▸▸

极光所产生的强力电流常常搅乱无线电和雷达的信号，也会影响微波的传播，甚至使电力传输线受到严重干扰，从而使某些地区暂时失去电力供应。

▸神奇的极光

🔺观察极光 ▸▸▸

在加拿大的丘吉尔城，一年有 300 个夜晚都能见到极光；而在美国的佛罗里达州，一年平均只能见到四次。我国最北端的漠河，也是观看极光的好地方。

note 知识小笔记

太阳每 11 年有一个非常活动期，发出大量高能粒子进入宇宙空间。此时出现的极光最为瑰丽壮观。

Aurora

North America

北美大陆地中海——北美五大湖

No.074

在 加拿大和美国交界处,有闻名世界的五大淡水湖,湖区的面积和英国本土的面积差不多,是世界上最大的淡水湖群,素有"北美大陆地中海"之称。五大湖按大小依次为苏必利尔湖、休伦湖、密歇根湖、伊利湖和安大略湖。

🔺 五大湖的形成 ⟫⟫

五大湖地区曾受到大陆冰川的侵袭,冰川所携带的泥沙和大小石块在这里不断堆积,形成了目前五大湖巨大的湖盆。气候转暖时,大陆冰川开始消退,融化的冰水就形成了五个大的湖泊。五大湖从形成至今,已有大约 1.2 万年的历史。

● 苏必利尔湖　　　● 休伦湖　　● 伊利湖　　● 安大略湖

● 密歇根湖

🔺 苏必利尔湖 ⟫⟫

苏必利尔湖是五大湖中最大的一个,也是世界上最大的淡水湖泊,面积 82 410 平方千米,是亚洲最大淡水湖贝加尔湖的 2.6 倍,是南美洲最大淡水湖的的喀喀湖的 10 倍。

🔺休伦湖 ▶▶▶

休伦湖是第一个被欧洲人所发现的湖泊，湖面积 59 570 平方千米，湖泊水质好，盛产鱼类。湖岸有沙滩、砾石滩和悬崖绝壁，风景优美，是休养、娱乐的胜地。主要港口有罗克波特、罗杰期城等。

🔺五大湖之一的密歇根湖，位于美国东北部。

note 知识小笔记

五大淡水湖，湖区东西延伸约 1 400 千米，南北宽约 1 100 千米，总面积约为 245 000 平方千米。

🔺密歇根湖 ▶▶▶

密歇根湖也叫密执安湖，是唯一全部属于美国的湖泊，水域面积 57 757 平方千米，湖区气候温和，大部分湖岸为避暑地。南端的芝加哥为重要的工业城市，并有很多港口。

🔺伊利湖 ▶▶▶

伊利湖是五大湖中最浅的一个，湖水面积 25 667 平方千米，主要港口有美国的克利夫兰、阿什塔比拉等。

🔻伊利湖东、西、南面为美国，北面为加拿大。

🔺安大略湖 ▶▶▶

与其他的 4 个湖相比，安大略湖更加迷人。飞溅直下的尼亚加拉瀑布早已成为它和其他 4 个湖之间的一座虚幻的屏障，而奔流在安大略湖东端的圣劳伦斯河又把安大略湖水引向大海。

拔地而起的山峰——酋长石

No.075

酋长石是世界上最大的岩石之一，位于美国加利福尼亚中部的约瑟米蒂国家公园内，冰川运动的巨大力量把这个花岗岩石头削掉了一半，它看起来险峻、壮观。对于攀岩者来说，酋长石也是很大的挑战。

▲传说 ≫≫≫

传说是因为有一位非常有威望的印第安酋长去世了，大家难以表达对他的思念，就以他的名字命名了这块巨石，象征着这位被整个部落所尊重的酋长如巨石般刚毅、坚强。

note 知识小笔记

约瑟米蒂国家公园占地面积达 2 849 平方千米，酋长石自底部到顶端高达 1 095 米。

◄ "酋长石"是世界上最大的岩石之一，它从马赛河畔拔地而起。

▲地质形成 >>>

冰雪是这里的创造者，200万年前的冰河冲刷着这片土地，切割出深深的峡谷，雕琢成险峻的山峰，创造出巨大精美的花岗岩块，冰河以它无穷的力量将这里曾经蜿蜒的小河及起伏的小丘转变成目前雄伟壮观的地形。

● *被冰河切去一半身躯的酋长石*

▲奇特的酋长石 >>>

从不同的角度看过去，酋长石有着不同的形状。从西北面看过去，它是一个露出地面的圆形大石头，但是它的东南面十分陡峭，就好像这边不知道在什么时候倒塌下去了一样。

▲约瑟米蒂瀑布 >>>

酋长石不远处的约瑟米蒂瀑布分三段俯冲而下，蔚为壮观。上瀑布和下瀑布中间有一个206米的分段瀑布，上瀑布直落436米，下面就是下瀑布，下坠97米，这座巨大的分段瀑布总长为739米，跻身世界十大最高瀑布之一，居北美瀑布高度之冠。巨大的水幕墙随风摇曳，跃过石壁，溅湿木桥，将周围的草木淋得郁郁葱葱。

➡约瑟米蒂瀑布由上、下两个瀑布组成，是世界落差最大的瀑布之一。

Half Dome

North America

落基山脉的明珠——塔卡卡瀑布

虽然优鹤国家公园是加拿大落基山脉国家公园中面积最小的一座，却以壮观、瑰丽、险峻的景观让人叹为观止。这里拥有落差极高的瀑布奇景、世界级的化石遗迹地、由冰河融水形成的翡翠湖和鬼斧神工的天然地形景观。

🔺塔卡卡瀑布 ▶▶▶

塔卡卡瀑布位于优鹤国家公园内，塔卡卡在印第安语意为"真奇妙！"夏天时，冰雪融化量很大，所以水量充沛，也格外壮观！而冬天时结冻的瀑布又会是另一种壮阔景色。

🔺地理位置 ▶▶▶

优鹤国家公园位于加拿大卑诗省，其英文名称 Yoho 是印第安语"惊叹"的意思，这直接反映了当初原住民看到落基山脉的雄伟时心中的感受。

塔卡卡瀑布落差约 380 米，是加拿大第三高瀑布。

🔺 自然石桥 ▸▸▸

　　每年 5 ~ 7 月山上冰雪大量融化冲下山谷，夹杂许多坚硬石头冲刷河床。历经 6 000 年把一块大石底部冲破形成一个大洞，逐年累月形成拱状，人们称之为自然石桥。

🔺 伯吉斯页岩 ▸▸▸

　　这里还有约 5 亿年前的海底生物化石遗迹，叫做伯吉斯页岩，这是在极其特殊条件下保存下来的海洋软体动物的化石，现在已发现了超过 120 种古生物化石，其中有一些精彩的化石还展现出其死前一刻所吃下的东西呢！

⬆ 游人观看伯吉斯页岩

🔺 翡翠湖 ▸▸▸

　　塔卡卡瀑布附近的翡翠湖是优鹤国家公园冰川融水湖中最典型的代表，因其美丽的湖面翠绿如翡翠而得名。因为冰川融水携带大量的岩屑，岩屑悬浮于湖面时反射了太阳光中的蓝色和绿色，所以冰川融水湖比一般湖泊更加翠绿或偏蓝。

⬆ 翡翠湖

Takakkaw Falls

North America

美国第一长河——密西西比河

№.077

密西西比河就像一条乳白色的飘带，由北向南镶嵌在美利坚合众国的大地上。河上一队队一列列驳船南来北往，呈现出一派繁忙的景象。滔滔不绝的河水像乳汁一样抚育着密西西比河整个流域的人们，美国人民感恩于密西西比河的慷慨，将密西西比河又尊称为"老人河"。

🔺 源头 ⟩⟩⟩

密西西比河干流发源于苏必利尔湖以西，美国明尼苏达州西北部海拔 501 米的艾塔斯卡湖，向南流经中部平原，注入墨西哥湾，是北美大陆上流程最远、流域面积最广、水量最大的水系。

🔺 上游 ⟩⟩⟩

密西西比河上游包括其最大支流密苏里河和密苏里河口以上的干流部分，全长达 4300 多千米，流经落基山地，蜿蜒于森林和沼泽之中，水流和缓，弯弯曲曲，沿岸形成许多风景秀丽的峡谷。

◀ 植被茂盛的密西西比河沿岸

↑ 早在 19 世纪末期，密西西比河就成为美国航运最重要的大河之一。

▲中游

密西西比河的中游河段比较短，一般从密苏里河与密西西比河汇合处算起，直到俄亥俄河口为止，全长 320 千米。这里终年温暖多雨，作物生长良好，水流稳定，航道深阔，航运价值很大，是美国经济比较发达的平原地区。

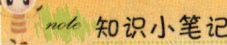

note 知识小笔记

密西西比河长 6 262 千米，是仅次于埃及尼罗河、巴西亚马孙河、中国长江的世界第四长河。

▲巨大的航运价值

密西西比河的航运价值很大，除干流外约有 50 条支流可以通航，水深 2.7 米以上的航道总长近 25 000 千米，流域内还有多条运河与五大湖及其他水系相连，是世界上航运货量最大的河流。

Mississippi River

North America

南美洲

南美洲位于西半球的南部，以巴拿马运河为界同北美洲相分，大陆地形包括山地、高原和平原三部分，其中安第斯山脉是世界上最长的山脉，亚马孙平原是世界上面积最大的冲积平原。南美洲气候温暖湿润，是世界上火山较多、地震频繁的大洲。

河流之王——亚马孙河

No.078

亚马孙河是拉丁美洲人民的骄傲。它浩浩荡荡，千回百转，蜿蜒流经秘鲁、巴西、玻利维亚、厄瓜多尔、哥伦比亚和委内瑞拉等国，滋润着 800 万平方千米的广袤土地，约占南美洲陆地面积的 40%。

🔺地理概况 >>>

亚马孙河是仅次于尼罗河的世界第二长河。它发源于南美洲安第斯山中段，秘鲁的科罗普纳山东侧的米斯米雪峰之巅，在巴西的马腊若岛附近流入大西洋。

知识小笔记

亚马孙河全长 6 400 多千米，大部分河段位于巴西境内。

🔺亚马孙河流经亚马孙雨林

🔺名字的由来 >>>

16 世纪，西班牙人在亚马孙河探险时，受到了当地印第安妇女的猛烈进攻。这些妇女勇敢剽悍，像希腊神话中拉弓搭箭的"亚马孙"女战士。后来，亚马孙也就成了这条河的名字。

流域面积最广的河流 >>>

亚马孙河共有 15 000 条支流，分布在南美洲大片土地上，流域面积几乎大如澳洲，居世界第一位。亚马孙河水量充沛、水力澎湃，流量比密西西比河大 10 倍，比尼罗河大 60 倍，占全球入海河水总流量的 1/5。河口淡水冲入大西洋中达 160 多千米。

▲亚马孙河穿过的热带雨林是世界上最大的热带雨林

通航最长的河流 >>>

亚马孙河还是世界上通航最长的河流。1969 年，美国地理学会考察队自秘鲁的圣佛西斯科顺流而下航行，直至巴西的贝伦，航程长达 6 187 千米，这是世界上任何河流都无法比拟的。

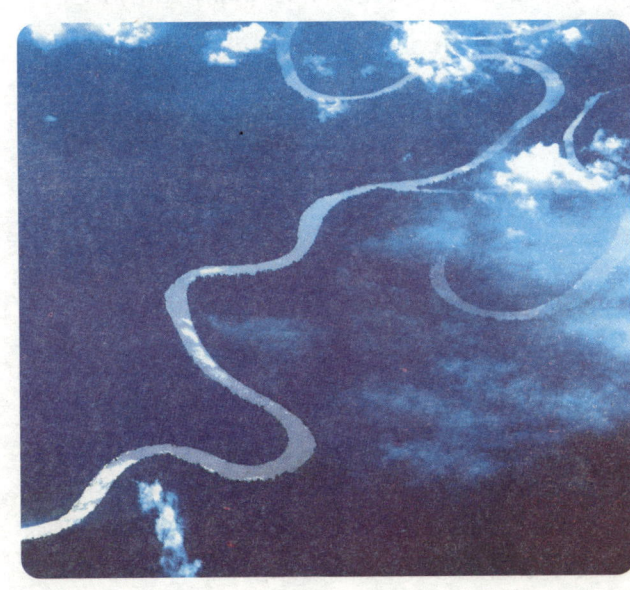

◀亚马孙河流域是世界最大的河流流域。左图中的亚马孙河如一条玉带在热带雨林中蜿蜒穿行。

涌潮奇观 >>>

亚马孙河的涌潮可以和我国的钱塘江大潮相媲美。亚马孙河的入海口呈巨大的喇叭状，海潮进入后形成壁立的潮头可以上溯 600 ~ 1 000 千米。一般潮头高 1 ~ 2 米，大潮时可达 5 米，涛声震耳，声传数里，气势磅礴。

Amazon River

South America

落差最大的瀑布——安赫尔瀑布

No. 079

安 赫尔瀑布隐藏在委内瑞拉的高山密林之中，远看如在大石盆上挂下的白色练带；近看势如闪电的飞虹，溅得满山谷珠飞玉溅、云雾蒸腾、山谷轰鸣。再加上瀑布两旁的参天古木和嶙峋山石，愈显气势磅礴，神秘而幽深。

▲地理位置 >>>

安赫尔瀑布位于委内瑞拉东南部，卡罗尼河支流的卡劳河源流丘伦河上，气势雄伟、景色壮观，果真应了那句"飞流直下三千尺，疑是银河落九天"的著名诗句。当地的印第安人取名为丘伦梅鲁瀑布。

◀ 从正面看安赫尔瀑布

note 知识小笔记

安赫尔瀑布是一条多级瀑布，落差约 979.6 米。

▲发现瀑布 >>>

1935 年，西班牙人卡多纳首次发现了原本只有当地印第安人才知晓的丘伦梅鲁瀑布。1937 年，美国探险家安赫尔为了寻找黄金，驾驶飞机飞越委内瑞拉高地时无意发现了瀑布，后来他又对瀑布考察时坠机，为了纪念他，委内瑞拉政府将瀑布以"安赫尔"命名。

▲落差最大的瀑布 >>>

安赫尔瀑布是世界上落差最大的瀑布，丘伦河水从平顶高原奥扬特普伊山的陡壁直泻而下，几乎未触及陡崖，瀑布分为两级，先泻下 807 米，落在一个岩架上，然后再跌落 172 米，落在山脚下一个宽 152 米的大水池内。它比世界第二高瀑布——非洲的土格拉瀑布高 126 米。

▲难识"庐山真面目" >>>

今天的安赫尔瀑布虽然驰名世界，然而，能够有机会亲眼目睹其"芳姿"的人还是为数寥寥。层层茂密的原始森林遮蔽了游人的视线，不可能步行抵达瀑布的底部。雨季时，河流因多雨而变深，人们可以乘船进入。在一年的其他时间里，只能租乘飞机从空中观赏瀑布。

安赫尔瀑布深藏在委内瑞拉的高山密林之中。它的水量虽然不大，但气势雄伟、景色壮观。

Angel Falls

South America

No.080
最宽的瀑布——伊瓜苏瀑布

伊瓜苏瀑布是世界上最宽的瀑布,位于巴西和阿根廷交界的伊瓜苏河下游,河水顺着倒 U 形峡谷的顶部和两边向下直泻,形成一个景象壮观的半环形瀑布群,在阳光照射下形成无数光怪陆离的彩虹,雄奇俊美,蔚为壮观。

note 知识小笔记

伊瓜苏瀑布平均落差约80米,宽约4 000米。

▲瀑布的形成 >>>

伊瓜苏河在阿根廷与巴西边境,陡然遇到一个峡谷,河水顺着倒 U 形峡谷的顶部和两边向下直泻,凸出的岩石将奔腾而下的河水切割成大大小小 270 多个瀑布,形成一个景象壮观的半环形瀑布群。

伊瓜苏瀑布是世界上最宽的瀑布

▲魔鬼喉 >>>

伊瓜苏瀑布与众不同之处在于观赏点多，从不同地点、不同方向、不同高度，看到的景象不同。峡谷顶部是瀑布的中心，水流最大最猛，人称"魔鬼喉"。

▲伊瓜苏河 >>>

伊瓜苏河发源于库里蒂巴附近的马尔山脉，沿途接纳大小支流约 30 条，流至伊瓜苏瀑布处，河面宽约 4 000 米，河中大小岩岛星罗棋布，把河水分隔成一系列急流，因而形成世界上最宽的瀑布。

↑ 伊瓜苏瀑布的最大魅力，除了它拥有世界上最宽阔的大水风景外，归根结底，还是那份给人时空恍惚但又永恒的错乱感觉。

▲历史传说 >>>

当地有这样一个美丽的传说：某部族首领之子站在河岸上，祈求诸神恢复他深爱的公主的视力，所得回复是大地裂为峡谷，河水涌入，把他卷进谷里，而公主重见光明，成为第一个看到伊瓜苏瀑布的人。

Iguazu Falls

South America

生命王国——亚马孙雨林

亚马孙雨林是世界上最大的雨林，其面积比欧洲还要大。它从安第斯山脉低坡延伸到巴西的大西洋海岸。这里自然资源丰富，物种繁多，生态环境纷繁复杂，生物多样性保存完好，被称为"生物科学家的天堂"。

🔺雨林景观 >>>

亚马孙雨林地区的地形复杂多样，从散布岩石小山的低地平原到溪流纵横的高原峡谷，多样的地貌造就了形态万千的雨林景观。在森林中，静静的池水、奔腾的小溪、飞泻的瀑布到处都是；参天的大树、缠绕的藤萝、繁茂的花草交织成一座座绿色迷宫。

🔺种类繁多的野生动物 >>>

亚马孙平原的野生动物种类非常繁多，而且数量丰富。现在已知的动物和鸟类超出了 10 万种，至少还有 27 种甲虫。可能另外还有几百万种正等待着人们去发现。

犀鸟是一种生活在亚马孙热带雨林中的奇特鸟类

千奇百怪的藤

初次造访雨林的人一定会对千奇百怪的藤本植物留下深刻的印象。这里的藤形态多变：有的光滑，仿佛历经能工巧匠的精心雕琢；有的粗糙，好像是天工弃下来的旧锯齿；有的又粗又长，弯弯曲曲，既寻不见根源，也找不到尽头……

▶藤环绕着大树

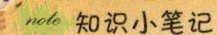

知识小笔记

亚马孙雨林是世界上最大的雨林，其面积有700万平方千米。地球上动植物的1/5都生长在这里。

"地球之肺"

亚马孙雨林被誉为"地球之肺"，它每年吞噬全球排放的大量的二氧化碳，又制造大量的氧气，如果亚马孙雨林被砍伐殆尽，地球上维持人类生存的氧气将减少1/3。

面临的威胁

现在，郁郁葱葱、广袤无垠的亚马孙雨林正在迅速减少，主要原因是由于人类的烧荒耕作、过度采伐、过度放牧和森林火灾等，其中烧荒耕作是首要原因，占整个热带森林减少面积的45%。

Amazon Rainforest

South America

自然博物馆——加拉帕戈斯群岛

No.082

加拉帕戈斯群岛是当今世界上少有的奇花异草荟萃之所、珍禽异兽云集之地。在这个群岛上，生活着700多种地面动物，80多种鸟类和许多昆虫，其中以巨龟和大蜥蜴闻名世界。加拉帕戈斯群岛被称为"世界最大的自然博物馆"。

▲地理位置 >>>

加拉帕戈斯群岛位于太平洋东部的赤道上，是由7个大岛，100多个小岛组成的。现在它是厄瓜多尔共和国的一个省，离厄瓜多尔本土1 000千米。

▲大海龟

　　大海龟是岛上最奇特的动物，它们可以长到 1 米多长，200 多千克重，背上可以驮一两个人。龟的性格都很温顺，喜欢生活在海岸边草丛里，以仙人掌为主食。1535 年，西班牙人第一次来到这里时，发现岛上到处都是大海龟，就给这个群岛取名为"加拉帕戈斯"，意思就是"龟岛"。

note 知识小笔记

　　加拉帕戈斯群岛面积约 7 500 平方千米。

▲ 鹈鹕，在野外常成群生活，每天除了游泳外，大部分时间都是在岸上晒晒太阳或耐心地梳洗羽毛。

▲ 生活在加拉帕戈斯群岛上的企鹅

▲特殊的自然环境

　　加拉帕戈斯群岛虽然距赤道不远，但由于受秘鲁寒流的影响，形成了既干燥又凉爽的气候，所以，这里有极地才能生存的企鹅、信天翁、海豹，还有热带的动物火烈鸟、鹈鹕等。

▲闻名遐迩的鬣蜥

　　这里还因为生存着闻名遐迩的史前爬虫类动物海鬣蜥而引起全世界的关注。这种地球上唯一尚存的海鬣蜥可以在海底爬行，它们以海草为食，并且通过发育不完全的蹼足适应了海上的生活方式。

● 海鬣蜥

南美洲

高原明珠——的的喀喀湖

高原明珠——的的喀喀湖

的的喀喀湖是南美洲地势最高、面积最大的淡水湖,也是世界上最高的淡水湖之一,它位于玻利维亚和秘鲁两国交界的科亚奥高原上,其中 2/5 在秘鲁境内,被称为"高原明珠"。湖周围群山环绕,峰顶常年积雪,风景十分秀丽。

🔺形成原因 ▶▶▶

的的喀喀湖形成于古地质时期的第三纪,在强烈的地壳运动中,随着科迪勒拉山系隆起及巨大的构造断裂,在东科迪勒拉山脉和西科迪勒拉山脉之间,形成了一条西北—东南走向的构造盆地,的的喀喀湖就位于该构造盆地中。

🔻的的喀喀湖是世界上最高的适合航行的淡水湖,湖区环境优美,周围土地肥沃。

note 知识小笔记

的的喀喀湖面积大约 8 330 平方千米,海拔 3 812 米,水深平均 100 米,最深处可达 256 米。

🔺注入河流 ▶▶▶

有 25 条河流注入的的喀喀湖中,最大的一条是自西北注入的拉米斯河。烈日和燥风使湖水蒸发量极大,而经德萨瓜德罗河排出的湖水量只相当于入湖水量的 5%。

● 太阳岛

🔸 岛屿 ▶▶▶

湖中有 41 个岛屿，其中，位于玻利维亚境内的太阳岛、月亮岛点缀湖中，两岛的岩石呈棕、紫两色，湖光岛色，交相辉映，格外美丽。

🔺 神奇的漂流岛 ▶▶▶

乌鲁斯人的漂流岛是的的喀喀湖上最受欢迎的旅游景点。乌鲁斯人用芦苇根造出巨大的浮岛，在岛上用芦苇造房子，造船，造一切生活必需品。最大的一个漂流岛上还有学校、邮局和商店。

🔸 乌鲁斯人在漂流岛上用芦苇编制的茅屋和船

🔺 自然环境 ▶▶▶

的的喀喀湖是一个内陆淡水湖。它海拔高而不冻，处于内陆而不咸。这是因为湖的四周雪峰环抱，湖水不断得到高山冰雪融水的补充，故而湖水不咸；又因为湖泊地处安第斯山的屏蔽之中，高大的安第斯山脉阻挡了冷气流的侵袭，所以湖水终年不冻。

🔸 的的喀喀湖是一个内陆湖，但不同于世界上许多高山、高原上的咸水湖，而是一个淡水湖。

Titicaca Lake

South America

会行走的冰川——莫雷诺冰川

No.084

莫雷诺冰川位于南美洲南端，南纬 52°附近，属巴塔哥尼亚高原阿根廷圣克鲁斯省，是地球上冰雪仍在向前推进的少数活冰川之一。莫雷诺冰川有 20 万年历史，在冰川界尚属"年轻"一族。

🏔 年轻的冰川 ▶▶▶

冰川是指由降落在雪线以上的大量积雪在重力和巨大压力下形成的巨大冰体，一般都经历较长的形成时间，年龄只有 20 万年的莫雷诺冰川属于"年轻"一族。世界上的冰川大都是处于停滞状态，但莫雷诺冰川却"活着"，是指它还在生成，而且每天都在向前推进 30 厘米。

🏔 "冰崩"奇观 ▶▶▶

莫雷诺冰川附近还有一个名叫乌沙拉的冰川，比莫雷诺更大，但论气势，仍是莫雷诺冰川最美。这里会聚了几十条冰流和冰块，每隔 20 分钟左右就可以看到"冰崩"奇观：一块块巨大的冰块沉入阿根廷湖，一声声震耳欲聋的响声让人屏息凝注，但很快，一切又都归于平静。

▲警钟

1988 年之前，莫雷诺冰川每四年才发生一次崩裂现象，现在因为大气污染，温度上升，每 20 分钟就崩裂一次，有人说它是大气污染指数的警钟。

● 莫雷诺冰川

▲冰川崩裂的原因

导致冰块崩裂的原因是全球气候变暖，掉落湖中的冰块融解成浮冰，使得湖面水位不断上升。而上升的水位又不断冲刷冰河，加快了冰河崩解的速度，冰河上清晰可见道道裂痕，这更加证明地球变暖的脚步没有减缓，反而是越来越快了。

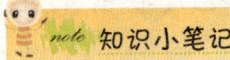

note 知识小笔记

莫雷诺冰川有 20 层楼之高，绵延 30 千米。

Perito Moreno Glacier

South America

南美洲

美丽的深渊——科尔卡大峡谷

No.085

美丽的深渊——科尔卡大峡谷

科尔卡大峡谷位于南美洲的秘鲁境内,它横穿安第斯山,峡谷两侧山体庞大,陡峭雄奇,四周是安第斯山高原和雪山。科尔卡峡谷是世界上最深的峡谷之一,也是秘鲁的主要旅游地之一。

▲气候状况 >>>

在峡谷里,每天的气温变化很大,早晚时温度为 1 ~ 2℃,中午时可达到 25℃。

▲火山谷 >>>

峡谷的附近还屹立着许多锥形火山,顶部为圆形火山口。这里的景象常常令人想起月球的表面。火山谷长 64 千米,谷内共有 86 座死火山渣堆。有些高达 300 米,有的四周是田野,有的四周则堆满凝固的黑色熔岩。

科尔卡大峡谷是一个横穿安第斯山的峡谷,全长 90 千米,有 3 400 米的深度。

▲峡谷中的生物 >>>

峡谷中生长着 20 多种仙人掌和 170 种飞禽,其中最大的飞禽是山鹰,它们每只翅膀的长度都有 1 米多,被认为是世界上最大的飞禽。这里还生活着南美驼羊和多种安第斯山动物。

世界七大谜团之一——尤卡坦陨石坑

Fo.086

闻名于世的尤卡坦陨石坑位于墨西哥的尤卡坦半岛奇科苏卢布小镇附近，所以又叫做奇科苏卢布陨石坑。陨石坑先被石油勘探工作者发现，随即又被"奋进"号航天飞机通过遥感技术证实了它的存在。

🔺 恐龙的灾难 >>>

6 500 万年前，一颗直径大约 10 千米的陨石从天而降，飞快地撞击了今天的墨西哥尤卡坦半岛，引起巨大海啸和森林大火，烟尘遮天蔽日，终年不散，植物因无法进行光合作用而枯死，动物则因得不到食物而大量灭绝，恐龙也被认为是在这场灾难中永远地告别了地球。

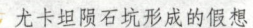
▼ 尤卡坦陨石坑形成的假想

🔺 地球的"磨难" >>>

长期以来，科学家们对太空陨石或小行星等撞击地球持有不同观点。有学者估计，过去 2.5 亿年以来，地球遭到直径 1 000 米以上陨石撞击的次数可能在 440 次左右，但迄今只发现了 175 个陨石坑，其中包括尤卡坦陨石坑在内的 38 个大陨石坑。

玉米地长出的火山——帕里库廷火山

No.087

帕 里库廷火山是世界上最年轻的火山，它诞生于墨西哥帕里库廷村的一块玉米地里，持续 9 年的不断喷发摧毁了帕里库廷村，不过，现代人却有幸看到了这千载难逢的奇观——火山的诞生过程。

🔺 地理位置 >>>

帕里库廷火山位于墨西哥首都墨西哥城西 320 千米处，这里曾经是一个村子，1943 年 2 月以后，这里逐渐"长"出了一座世界上最年轻的火山。

note 知识小笔记

年轻而神奇的帕里库廷火山锥高 424 米，海拔 3 170 米。

🔺火山的"诞生" ▸▸▸

1943 年 2 月 20 日下午，帕里库廷村的大地震动了起来，同时发出隆隆的响声，早先冒过烟的地面出现了一条宽 6 ~ 7 厘米的裂口，越裂越长；大量浓烟从裂口喷出，还嘶嘶作响，发出了难闻的硫磺气味，喷烟洞口的直径很快就扩大到 2 米左右，洞里的沙子像开锅一样不停地翻腾着，而且喷出的烟中还伴有许多灰砂和石块。

🔺持续喷发的 9 年 ▸▸▸

2 月 21 日，火山锥已有 40 米高，一个多星期后又长高到 140 多米。帕里库廷村的村民们不得不搬离这个地区，那里的一些住房已被埋在火山灰中。火山继续长高，熔岩外溢持续了 9 年。帕里库廷火山在它整个活动历史中，一共喷出了将近 10 亿吨熔岩，掩盖了 24.8 平方千米的土地。

▲帕里库廷火山远景

🔺科学价值 ▸▸▸

帕里库廷火山向科学界展示了一座火山从诞生到死寂的全过程，为人类探索火山奥秘提供了最佳的活标本。

Paricutin Volcano

South America

大 洋 洲

　　大洋洲位于太平洋西南部和南部的赤道南北广大海域中，大陆海岸线漫长，全洲地势低缓，岛屿众多，有大陆岛、火山岛和珊瑚岛等。大洋洲是世界上面积最小的大洲，也是除南极洲外，世界上人口最少的一个洲。

海洋生态奇观——大堡礁

No.088

大堡礁由 400 多种绚丽多彩的珊瑚礁组成，造型千姿百态，有的似开屏的孔雀，有的像雪中红梅；有的浑圆似蘑菇，有的纤细如鹿茸；有的白如飞霜，有的绿似翡翠……从上空俯瞰，若隐若现的礁顶如艳丽的花朵，在碧波万顷的大海上怒放。

澳大利亚

大堡礁

🔺 地理位置

大堡礁位于澳大利亚昆士兰州以东，巴布亚湾与南回归线之间的热带海域，沿澳大利亚东北海岸线绵延 2 000 余千米，东西宽 20 ~ 240 千米。

🔺 组成

大堡礁由 3 000 个不同阶段的珊瑚礁、珊瑚岛、沙洲和泻湖组成，总面积达 20.7 万平方千米。大堡礁退潮时，约有 8 万千米的礁体露出水面，而涨潮时，大部分礁体被海水掩盖，只剩下 600 多个岛礁忽隐忽现。

note 知识小笔记

大堡礁是世界上最大、最长的珊瑚礁区，被称为"透明清澈的海中野生王国"。

大洋州 海洋生态奇观——大堡礁

▲大堡礁的"建筑师"

珊瑚虫是大堡礁的建筑师，它们以浮游生物为食，群体生活，能分泌出石灰质骨骼。老一代珊瑚虫死后留下遗骸，新一代继续发育繁衍，像树木抽枝发芽一样，向高处和两旁发展。如此年复一年，日积月累，珊瑚虫分泌的石灰质骨骼，连同藻类、贝壳等海洋生物残骸胶结一起，堆积成一个个珊瑚礁体。

珊瑚虫死后堆积而形成的珊瑚礁

▲海洋生物博物馆

大堡礁也是一座巨大的天然海洋生物博物馆。礁上椰树、棕榈树挺拔遒劲，藤葛密织，郁郁葱葱。珊瑚丛中游弋着 1 500 种鱼和 4 000 种软体动物，这里也是儒艮和大绿龟等濒临灭绝动物的栖息之地，有长近 1 米的大龙虾、上百千克重的砗磲，还有成群的海鸟如云遮空，更为大堡礁增添勃勃生机。

大堡礁海底各种各样的鱼

▲千奇百怪的鱼

大堡礁海域生活着大约 1 500 种热带海洋鱼类，有泳姿优雅的蝴蝶鱼，有色彩华美的雀鲷，漂亮华丽的狮子鱼，好逸恶劳的印头鱼，脊部棘状突出并且释放毒液的石头鱼，还有天使鱼、鹦鹉鱼等各种热带观赏鱼。

● 蝴蝶鱼

Great Barrier Reef

Oceania

191

最大的岩石——艾尔斯巨石

No.089

大洋州

最大的岩石——艾尔斯巨石

在 澳大利亚大陆中央的荒原上耸立着一块世界上最大的岩石——艾尔斯巨石，它气势雄峻，犹如一座超越时空的自然纪念碑，突兀于茫茫荒原之上。艾尔斯巨石最神奇、最迷人之处是它一天之内会随着时间的流逝变幻出七彩颜色。

🔺 地理位置 ▶▶▶

艾尔斯巨石位于澳大利亚中北部的艾丽斯斯普林斯西南方向约 340 千米处，东高宽而西低窄，是世界上最大的整体岩石。

🔺 艾尔斯巨石底面呈椭圆形，形状有些像两端略圆的长面包。

🔺 神奇的巨石 ▶▶▶

当太阳从沙漠的边际冉冉升起时，巨石"披上浅红色的盛装"，鲜艳夺目、壮丽无比；到中午，则"穿上橙色的外衣"；当夕阳西下时，巨石则姹紫嫣红，在蔚蓝的天空下犹如熊熊的火焰在燃烧；到夜幕降临时，它又匆匆"，风姿卓越地回归大地母亲的怀抱。

▲巨石的形成 ⟩⟩⟩

约5亿年前，澳大利亚中部一度是海洋，底部堆积着一层层软沙，后来经地壳运动向上抬升而形成了这座岛山。巨石的大部分仍在地下。

▲变色的缘由 ⟩⟩⟩

▲ 高空俯视艾尔斯巨石

地质学家认为艾尔斯巨石变色的缘由与它的成分有关。巨石实际上是岩性坚硬、结构致密的石英砂岩，岩石表面的氧化物在一天阳光的不同角度照射下，就会不断地改变颜色。

> note 知识小笔记
>
> 艾尔斯巨石高348米，长3000米，基围周长约8.5千米。

▲土著人心中的"圣石" ⟩⟩⟩

当地人称艾尔斯巨石为乌卢鲁巨石，是西部沙漠地区土著人宗教、文化、土地和经济关系的焦点，是他们心中的"圣石"，许多部落的土著人都在这里举行成年仪式和祭祀活动等。

Ayers Rock

Oceania

荒原上的"岛山"——奥尔加山

离艾尔斯巨石 30 多千米处，有个由 36 块峻峭的砾岩穹丘组成的巨石阵，土著人叫其为"卡塔丘塔"，也叫"奥尔加斯"，即"多头"多个脑袋的意思。这一地区表面突兀不平，多个山头交错，有的独立，有的连接，最高的山头叫"奥尔加"山。

奥尔加山的形成

最初，它们只是海底下的岩块，渐渐地被捣成卵石和巨砾，与沙子黏结在一起。大约 5 亿年前，地壳运动将这些岩石抬升到海面上，同时向侧面倾斜，风和水将它们侵蚀成我们看到的穹丘。据当地土著部落传说，奥尔加山形成于史前的"黄金时代"。

知识小笔记

奥尔加山巨石垂直隆起 550 米，差不多有两个法国巴黎埃菲尔铁塔的高度。

奥尔加山由 30 多块红色砾岩穹丘组成，矗立在马斯格雷夫岭以北的荒漠平原上。

外貌特征

奥尔加山犹如从海面上浮出的怪兽，耸立于澳大利亚的荒原之上，又好像是从朦胧的海上升起来的红色岩岛，因此又被称为“岛山”。从上空俯瞰，如同顽皮的孩童在扎堆观看热闹的木偶剧。

小尤加利树

更具活力的奥尔加山

奥尔加山岩面裂缝中多处有清水，所以各种野生植物和动物能生存其中，比艾尔斯巨石更具有活力。奥尔加山附近还有一些珍贵或濒危动植物。植物主要是半沙漠植物，有小尤加利树、沙栎、硬木树等。动物则包括大袋鼠、澳洲野犬、鸸鹋和蜥蜴等。

蜥蜴

澳洲野犬

神秘的山峦

山峦里面神秘莫测，是对外封闭的禁地，不允许游客进去，否则便是亵渎神灵，神就会降祸降灾，传言有声有色，神乎其神。听说连土著男性也大都不敢贸然进入。当然，游人也只能止步于山脚之下了。

神秘的奥尔加山

恐怖的沉船海岸——海难海岸

在 能够对海上航行提供现代化救援的时代到来之前，船员们对澳大利亚维多利亚州海岸的恐惧远远甚于沿该大陆的其他水域。这里激浪汹涌，到处是巨石、岩柱和悬崖，它们或露于海面，或隐藏在海下。该海岸长约 320 千米，其中译名"海难海岸"的一段是 80 多起海难的出事地点。

🔺海难海岸的形成 ▶▶▶

海难海岸处悬崖曾是海底的一部分，由贝壳、淤泥和石灰岩构成。在 2 500 万年以前，海底比现在高约 100 米。当海水下落时，悬崖就变成了海岸线。有"十二使徒"之称的石柱曾是大陆的一部分，澎湃的波浪将其与大陆分离。

十二使徒

在海岸上错落有致地矗立着十二个形象各异的塔状石柱，石柱沙土裸露，呈黄白色，映衬在翡翠般碧绿的海水上，色泽分明，十分抢眼，这就是著名的"十二使徒"，它们在昼夜不息的太平洋海浪不断地冲刷下，使其从大陆分离。

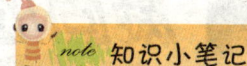

知识小笔记

"海难海岸"长 120 千米左右，如今，澳大利亚已经将其辟为国家公园。

海难海岸奇特的景观，都是大自然的杰作。

大海——资深的艺术大师

海浪把维多利亚州南部海岸岸边的悬崖切开了许多大大小小的口子，使之形成了许多小湾。大海是资深的艺术大师，浪花是神奇的雕刻刀，常年的辛苦劳作，才使海岸礁石呈现出如此奇特的自然景观。

鲸繁殖场

在瓦南布尔，沿海岸有一个"鲸繁殖场"参观区。冬季时，南方的成年鲸聚集在海岸附近产仔。小鲸出生时重 4 ~ 5 吨，非常顽皮，惹人喜爱。

大群的鲸在这里繁殖

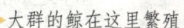

Great Ocean Road

Oceania

凝固的岩石波浪——波浪岩

No.092

在 澳大利亚西部的高原有一块独特的巨大岩石，它就像一座巨大的石壁。在陡峻的石壁上布满了纵向的波浪似的条纹，人们叫它波浪岩。波浪岩名副其实，它就像一片席卷而来的波涛巨浪，相当壮观。

🔺 地理特征 >>>

波浪岩位于西澳首府柏斯以东 340 千米处的海顿附近，属于海登岩北部最奇特的一部分，岩石表面有黑色、灰色、红色、咖啡色和土黄色的条纹，这些深浅不同的线条使波浪岩看起来更加生动，就像滚滚而来的海浪。

↱ 波浪岩的命名是因为它的形状很像一排即将破碎的巨大且冻结了的波浪

🔺 波浪岩的发现 >>>

长久以来，波浪岩一直被埋没在西澳洲中部的沙漠里，直到 1963 年，一位美国的摄影师在一次旅行中拍摄了波浪岩的画面，在美国纽约的国际摄影比赛中获奖，之后照片又成为美国国家地理杂志的封面，一时之间声名大噪，之后波浪岩成为摄影师争先恐后取景的地点。

▲ 波浪岩的形成 ≫

　　波浪岩由花岗岩石构成，大约形成于 25 亿年前。经过大自然力量的洗礼，波浪岩的表面被刻画成凹陷的形状，加上日积月累风雨的冲刷和早晚剧烈的温差，渐渐地被侵蚀成波浪岩的形状，整个侵蚀进化的过程进行得十分缓慢。

▲ 史前壁画 ≫

　　波浪岩附近还有澳洲的土著居民遗留下来的史前壁画，其中有许多似鸟似兽的生物，它们代表了澳洲土著居民传说里的人物和守护神。

note **知识小笔记**

　　波浪岩高达 15 米，长约 110 米。

Oceania

火山公园——夏威夷火山岛

No.093

夏威夷群岛是火山岛,也是太平洋上有名的火山活动区,因为这些岛屿正位于太平洋底地壳断裂带上。直至现在,一些岛上的火山口还经常发生火山喷发活动。如夏威夷岛上的基拉韦厄火山、冒纳罗亚火山都是经常喷发的现代活火山。

▲冒纳罗亚火山 >>>

冒纳罗亚火山位于夏威夷群岛的中部,海拔 4 170 米,从海底算起高 9 300 余米,是世界上最高大的活火山之一,平均每 3 年喷发一次。它在地面上的覆盖面积达到了 5 180 多平方千米。

note 知识小笔记

冒纳罗亚火山海底椭圆形基底的长轴 119 米,短轴 85 千米。

▲无所不摧的岩浆 >>>

火山喷发口活动强烈时,岩浆会沿着山坡向下流,一直流淌到远在几十千米外的太平洋里,并发出咆哮的声响,有时可持续几个月。岩浆流过的地方,房屋树木全被吞没。岩浆冷却后,便形成山坡上坚硬的熔岩覆盖层,寸草不生。

↑冒纳罗亚火山是夏威夷群岛上最著名的火山

▲火山爆发 ⟫⟫

在过去的 200 年间，冒纳罗亚火山约喷发过 35 次。1959 年 11 月爆发时沸腾的岩浆冒着气泡从一个长达 1.5 千米的缺口处喷射出来，持续了一个月之久，岩浆喷出的最高高度超过了纽约的帝国大厦。

▲自然环境 ⟫⟫

夏威夷群岛一年四季气温都在 14 ~ 32℃，变化很小而且雨水充沛，许多丘陵和山地，都被浓密的森林和草地覆盖着。在夏威夷各岛上，一年四季都可以看到盛开的鲜花。

↑夏威夷岛屿位于热带海洋上，终年温暖潮湿。

▲昆虫的家园 ⟫⟫

夏威夷群岛是昆虫的家园，仅蝴蝶就有万种以上，而且有些品种是这个群岛上特有的。有一种蝴蝶叫"绿色人面兽身蝶"，是世界上少见的大蝴蝶，它的翅膀展开时长达 10 厘米。

Hawaiian Islands

Oceania

高山峡湾之胜——米佛尔峡湾

No.094

新西兰的冰川美景，似乎在米佛尔峡湾被诠释得最为透彻。这里青山凝碧、绿水含幽、怪石嶙峋、瀑布飞泻，巍峨的冰川和白雪皑皑的山岭，无不让人惊叹大自然的神奇与伟大。米佛尔峡湾是世界著名的壮丽峡湾，同时也是最完美地保存了新西兰自然景观的一处峡湾。

地理概况

米佛尔峡湾位于新西兰南岛西南端，据说这是 200 万年前，由几千米厚的巨大冰川移走后留下的幽深峡谷再灌入海水而形成的，其中最长的嵌入陆地 40 千米。

note **知识小笔记**

米佛尔峡湾的山壁被垂直冰蚀达 1 000 米以上。

👉 米佛尔峡湾岸边山峰林立，注入湾内的海水清澈透明，山水相映，景色宜人。

独特的水底环境 ▶▶▶

　　由于有大量淡水从周围的山上泄入峡湾，峡湾海面表层积有很厚的淡水，使峡湾下面的海水温度不易扩散，同时也抑制了海潮的作用，加上两岸高山在水中形成阴影，造成了与深海相似的独特峡湾水底环境。通常生长在数十米至上千米峡湾深海处的黑珊瑚，在峡湾水深不足 30 米的浅海里也可看到。

↑到米佛尔峡湾可以潜入水深不足 30 米的浅海里，一睹黑珊瑚的"芳姿"。

● 峡湾顶冠企鹅

珍禽异兽的栖息地 ▶▶▶

　　数千万年来，新西兰南岛与其他陆地隔绝，因而这里生存着许多特殊的物种，如著名的新西兰秧鸡、几维鸟等。峡湾内还生活有宽吻海豚、新西兰长毛海豹、海狮和峡湾顶冠企鹅等，并且这里还是各种海鸟的乐园。

峡湾景观 ▶▶▶

　　峡湾两岸是陡峭的岩壁。从海面垂直拔地而起的米特峰和象山高度分别为 1 692 米和 1 517 米，它们组成峡湾中最具象征性的景观。无数条瀑布挂在峭壁上，像天河一样飞泻下来直入大海，其中最大的博恩瀑布落差达160 米。

▶到米佛尔峡湾可以领略到壮观的悬崖峭壁和旖旎的风光。

Milford Sound

Oceania

海洋活火山——新西兰怀特岛

No.095

大洋州

海洋活火山——新西兰怀特岛

新 西兰仿佛是一个微型地球,拥有雪山、沼泽、火山、冰河等各种地貌。怀特岛是新西兰唯一的海洋活火山,虽然火山口低于海平面,却因四周高耸的岩壁形成了天然屏障,造就出独一无二的水平线下活火山。怀特岛是新西兰最令人惊奇的自然奇观之一。

🔺地理概况 》》》

位于新西兰丰盛湾的怀特岛由三座火山锥组成,它是新西兰最活跃的火山,形状像马蹄。最年轻的火山锥经常喷发,热水、蒸汽和有毒气体从火山口溢出。有记录温度曾达到 800℃。火山口的地面被火山灰覆盖。在过去,此岛盛产硫磺矿,现在这里已经是风景保护区。

🔺封闭的火山口 》》》

远眺怀特岛,它的火山口低于海平面,四周有高耸的岩壁挡住海水。虽然小岛被茫茫大海所围绕,但火山口上却已形成了一个封闭区,不会被海水侵袭。封闭区聚积着的酸性热水是由雨水所形成的。

知识小笔记

新西兰怀特岛的陆地游览面积约 4 平方千米。

▲科学价值 ▶▶▶

小岛的火山结构已有 200 万年历史,而火山本身则有 10 万～20 万年的历史。由于怀特岛很容易到达,因此它在世界科学家和火山学家心目中占有极重要的地位。

▲喷气洞 ▶▶▶

火山岛上有许多喷气洞,每一个喷气洞的温度都不相同,有些喷出的气体还含有毒性。

▲英国的怀特岛 ▶▶▶

在英国南部也有一个怀特岛,它靠近英吉利海峡的北岸,与大不列颠岛隔着索伦特海峡。岛上风景优美,古堡林立,还有不少青铜器时期的遗迹。举世著名的维多利亚女王也非常钟爱这个小岛,并在岛上的奥斯博恩庄园中安然地结束了自己长达 82 年的人生旅程。

White Island

Oceania

澳洲大陆上的明珠——卡卡度原始森林

大洋洲

澳洲大陆上的明珠——卡卡度原始森林

卡卡度是澳洲大陆上的一颗明珠,它拥有最原始的风貌,不仅是一座古老的热带花园,还是野生动物的乐园。在这里能够看到最极端的自然景观更替,因为烈火与滔滔洪水左右着卡卡度的命运。在如此恶劣的环境下,卡卡度的土地上依旧有数以千万计的生物顽强地生活着。

🔺地理位置 ⟩⟩⟩

卡卡度原始森林位于澳大利亚北部海岸,黄水湖与南鳄河流经古老的石灰石高原,创造出这片神奇的土地。澳洲原住民最早定居于此,对他们而言,卡卡度就是人间天堂。

↑卡卡度保存着罕见的原始澳大利亚生态系统。公园内有着独特的植被群和动物群，并拥有丰富的湿地资源。上图为旱季的卡卡度原始森林。

🔺旱季

长达半年的旱季会让卡卡度的河流断流、湖泊干涸、大地皴裂、植被枯萎。此时的雷暴也相当频繁，平均每天要被雷击 80 次，极端干燥的环境下，雷击会引发森林大火。每经历一次旱季和雷暴季，卡卡度就将有 1/3 的面积受到大火的洗礼，留下一片焦黑的狼藉。

知识小笔记

卡卡度原始森林中生活着 50 多种哺乳动物、290 种鸟类、130 种爬行动物、79 种淡水鱼类和上万种昆虫。

🔺湿季

当第一滴雨落到卡卡度的大地上，旱季结束了，雨季开始了，这将持续 3 个月。放晴后的卡卡度大地忽然变成了一片汪洋，只有高大的树冠能够在水面上延展。

🔺洪水过后

洪水过后，掠食动物享受着突然间变得唾手可得的丰盛自助餐，土著居民也同样得到了好处，因为所有的食物就像摆放在超市货架上一样，任大家挑选。

→多雨的季节，树木长得茂盛。

Kakadu Forest

Oceania

新西兰屋脊——库克山

库克山是新西兰第一高峰,有"新西兰屋脊"之称,山势巍峨,终年积雪。傍晚日落时是遥望库克山的最佳时刻,夕阳为白雪披上一层瑰丽的粉红色,色彩瞬息间变化万千,在幽深的山谷的衬托下,愈显得山峰峻拔、伟岸。

🔺地理位置 ⟫⟫⟫

库克山位于新西兰南岛中西部的库克山国家公园内,是新西兰南阿尔卑斯山脉的最高峰。南阿尔卑斯山脉由基督城经过绿林茂密的坎特布利平原,向南前进。

◀库克山是新西兰最高的山峰

🐝 note 知识小笔记

库克山海拔 3 764 米,是新西兰第一高峰。

🔺库克山的形成 ⟫⟫⟫

库克山在 1.5 亿年前仍沉在海底,1 亿年前地壳开始了造山活动,经过漫长岁月不断重复着隆起和侵蚀的交替作用,再加上冰河的侵蚀,形成了今日的景观和地形。

↑ 塔斯曼冰川

🔺塔斯曼冰川 ▶▶▶

库克山东边的塔斯曼冰川长约 29 千米，宽 2 千米，深 600 米，是世界上最长的冰川之一。冰川内部的移动带着山体的碎石下滑，加上阳光的照射，使冰川表面形成了无数的裂缝和冰塔，造型千姿百态，耀眼夺目。

🔺冰川湖泊 ▶▶▶

在库克山东侧有两个宁静而美丽的湖泊，一个叫做普卡基湖，另一个叫做泰卡普湖。两个湖的背景都是库克山以及周围的群峰，湖水源于冰川，平静如镜，水色碧蓝中含带着乳白，晶莹如玉。

↑ 库克山旁边的普卡基湖

🔺植被垂直带的变化 ▶▶▶

库克山海拔 900 米以下是山地森林带，这里森林茂密，多野兔、羚羊，是爬山狩猎的理想场所；往上依次是草地、灌木，在海拔 2 150 米以上属于高山地带，这里寸草不生，只有玄黑色的岩石交错于冰雪之间。

↑ 库克山下面茂密的森林是野兔和羚羊的家园

● 野兔　　　● 羚羊

Mount Cook

Oceania

新西兰最美的湖泊——马瑟森湖

No.098

马瑟森湖被誉为新西兰最美的湖泊，因为新西兰美景的精华都浓缩在这个小湖中，在晴朗无云的日子，新西兰两座覆盖着白雪的高大山峰——库克山和塔斯曼山会倒映在碧蓝的湖水中，景色十分美丽迷人。

🔺地理位置 ▷▷▷

马瑟森湖在新西兰西海岸，位于著名的福克斯冰川村以南6千米处，湖水非常清澈，湖边茂密的森林里到处都是古老的树木。

↑马瑟森湖

🔺湖泊形成 ⟩⟩⟩

马瑟森湖因福克斯冰川巨大的厚块切割推移而产生。冰川在地表沙砾层底部经过长时间后融化塌陷，在地面形成一个巨大的坑洞，之后日积月累的雨水便形成今日的湖泊。新西兰南岛大大小小的湖泊大部分都是冰川湖，马瑟森湖当然也不例外。

note 知识小笔记

马瑟森湖具有非常悠久的历史，形成至今已有 14 000 年了。

🔺冷温带雨林 ⟩⟩⟩

马瑟森湖整个湖区接收着来自南极气团带来的丰沛水气，虽然这里地属温带，但还是可以看见厥类植物遍布的雨林，称之为"冷温带雨林"，这种美丽而难得的景色是新西兰特有的。

🔺福克斯冰川 ⟩⟩⟩

位于马瑟森湖附近的福克斯冰川是世界上仅有的几个活冰川之一，长度约 13 千米，冰川从南阿尔卑斯山脉南麓淌下，一直延伸到距海平面仅 300 米处的温带雨林，冰川保留了当初冰河时期的原始风貌。它每天以 1 ~ 5 米的速度向低处蠕动着。

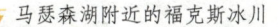
↓马瑟森湖附近的福克斯冰川

Lake Matheson

Oceania

最美丽的岛屿——博拉博拉岛

美国作家詹姆斯·米切纳称南太平洋社会群岛中的博拉博拉岛是"世界上最美丽的岛屿"，它像一颗镶嵌在南太平洋蓝色海面上的宝石。对许多人来说，博拉博拉岛是地球上的天堂。岛上第一批居民于 2 000 年前从东南亚来到这里。

🔺 地理位置 ›››

博拉博拉岛是法属波利尼西亚社会群岛中最美丽的岛屿，位于南纬 16°30′，西经 151°45′ 处，在塔希提岛西北 270 千米处，由中部主要岛和周围一系列小岛组成。

博拉博拉岛在第二次世界大战期间曾是美国的海空军基地

🔺 正在生长的堡礁 ▶▶▶

达尔文最先提出环礁是一种堡礁，它在岛屿周围呈环状向上生长。如果岛屿沉没海中，环礁仍可露出海面。博拉博拉岛正在沉没，某一天只有它的环礁将留下。

➡博拉博拉岛一角

🔺 沙坝 ▶▶▶

美丽的青绿色泻湖环绕在小岛周围，有一条沙坝将泻湖与大海分隔开。沙坝之外是堡礁，几乎呈完美的圆形，并点缀着称为"莫图"的小沙岛。

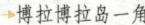

note 知识小笔记

博拉博拉岛陆地面积 38 平方千米。

🔺 奥特马努山 ▶▶▶

现高 725 米的奥特马努山位于岛的中部，它是一座双峰火山的遗迹，曾经的火山喷发毁去了山顶，现在，浓密的绿色森林已覆盖了这座死火山。

Bora Bora

Oceania

南极洲

　　南极洲位于地球最南端,土地几乎都在南极圈内,四周濒临太平洋、印度洋和大西洋,是世界上地理纬度最高的一个洲。南极大陆除了不到2%的地方有裸露的山岩而外,其余98%的地方都是冰雪王国统治的疆土。

最大的浮冰——罗斯冰架

No.100

罗斯冰架是英国船长詹姆斯·克拉克·罗斯爵士于1840年在一次定位南磁极的考察活动中发现的。它是一个巨大的三角形冰筏，几乎塞满了南极洲海岸的一个海湾。罗斯冰架是世界上最大的浮冰，其面积和法国相当。

🔺 最壮丽的景象 >>>

罗斯冰架光滑的冰面熠熠闪光，有的地方悬挂着千姿百态的冰柱，迸散出逼人的寒气。冰崖深深地插入海中，海潮冲刷之处，不时发生崩塌的冰山坠入海中，发出令人心悸的声音。难怪当时的英国探险家称它是我们星球上最壮丽的景象。

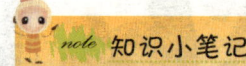

知识小笔记

罗斯冰架东西长达800千米，南北宽970千米。

◄ 罗斯冰架宛如一个巨大的浮筏，在南极洲的港湾漂浮。

▲断裂的冰架 >>>

罗斯冰架的后半部直接跟海底地面接触，它的前半部漂浮在罗斯海上，不时裂开，进入大海，形成一座座巨大的冰山。南极海面上漂浮的大部分平顶的桌状冰山就是这种冰架破裂后形成的。

↑ 罗斯冰架断裂形成的冰山

↓ 南极洲罗斯冰架上的企鹅

▲移动的冰架 >>>

罗斯冰架是覆盖在南极大陆的巨大冰盖伸向罗斯海所形成的，这片平坦的冰原浮在海上，而且还在不断地移动，它的前端每天移动 3 米左右，最快可达 4 米。

鳕鱼

▲神奇的鳕鱼 >>>

在罗斯冰架附近寒冷的冰水中生活着一种南极鳕鱼。鳕鱼体长 40 厘米左右，血液为灰白色，没有血红蛋白，但含有一种叫糖肌的成分，功效和汽车的防冻剂相似，所以它能够冻而不僵。

Ross Ice Shelf

Antarctica

图书在版编目（CIP）数据

令孩子着迷的 100 个自然奇观/畲田编著. —西安：
陕西科学技术出版社，2009.1（2022.1 重印）
（全景百科·学生版）
ISBN 978-7-5369-4375-9

Ⅰ.令… Ⅱ.畲… Ⅲ.自然地理—世界—少儿读物 Ⅳ.P941-49

中国版本图书馆 CIP 数据核字（2008）第 190217 号

全景百科·学生版

LING HAIZI ZHAOMI DE YIBAIGE ZIRAN QIGUAN

令**孩子着迷的**100 个**自然奇观**

出版人 崔 斌
责任编辑 李 栋
封面设计 李亚兵

出版者 陕西新华出版传媒集团　陕西科学技术出版社
　　　 西安市曲江新区登高路 1388 号陕西新华出版传媒产业大厦 B 座
　　　 电话（029）81205187　传真（029）81205155　邮编 710061
　　　 http://www.snstp.com
发行者 陕西新华出版传媒集团　陕西科学技术出版社
　　　 电话（029）81205191　81205192
印　刷 三河市燕春印务有限公司
规　格 720 mm×1000 mm　1/20
印　张 11
字　数 183 千字
版　次 2009 年 1 月第 1 版
印　次 2022 年 1 月第 3 次印刷
书　号 ISBN 978-7-5369-4375-9
定　价 49.80 元